KB003603

이 책에 쏟아진 찬사

★★★★★

내가 근무하는 제주한국병원의 진료시설 리모델링 사업은 비단 병원의 외적인 모습만 물리적으로 바꾼 것이 아니었다. 리모델링 사업은 주요 진료시설들의 불편한 부분을 조금 바꾸는 정도가 아니라 미래의 병원에 걸맞는 모습으로 제주한국병원을 탈바꿈시켰다. 환자를 진료하는 시스템과 동선을 고려한 설계가 이루어졌고 구체적인 공간으로 실현이 되었다. 병원 외관은 물론이고 1층 로비에서 시작하여 응급실과 중환자실에 이르기까지 병원 전체가 더 나은 공간으로 바뀌었다. 이 책을 읽으면서 병원을 찾는 고객들이 조금이라도 더 쾌적하고 편하게 진료받을 수 있는 공간을 만들어내기 위해 노태린 대표와 함께 고민했던 과정들이 주마등처럼 스쳐 지나갔다. 제주한국병원 개원 이래 가장 큰 규모의 사업 중 하나였기에 당시 직접 현장에 나가서 진두지휘하며 노태린 대표와 밤낮없이 함께 논의하고 토론했던 시간들이 무척이나 즐거웠다. 진료공간 리모델링으로 현재 우리 병원을 찾는 고객들은 병원 공간에 매우 만족한다. 병원은 더 좋은 이미지를 구축할 수 있었고 내부 구성원들도 병원에 대한 자부심을 느끼며 일하고 있다. 이 책이 다른 병원에도 공간의 혁신과 조직의 변화에 대한 귀중한 지침을 제공할 것이다.

- **고흥범**, 제주한국병원 행정원장

이 책은 노태린 대표가 직접 수행한 수많은 병원 디자인 경험을 바탕으로 쓰였다. 그 경험에는 감성이 오롯이 담겨 있다. 그래서 전문적인 건축 디테일보다는 의료시설 디자인에 대한 소통과 통찰을 담고 있다. 이 책을 읽는 병원장이나 건축디자이너 모두 책 속에 숨어 있는 값진 공감 디자인의 아이디어를 찾을 수 있을 것이다.

- **권순정**, 아주대학교 건축학과 교수·한국의료복지건축학회 명예회장

대한민국 의학계는 의료 환경과 의료 공간에 대해 진지하게 고민하지 않았다. 사실은 매우 중요한 일인데 의사나 인테리어 공사를 하는 사람들도 이 부분을 크게 고민하지 않았다. 그래서 병원은 천편일률적으로 매우 불쾌한 공간이 되어갔다. 그러나 의료 공간과 사람에 대한 고민이 가득 담긴 이 책을 보면서 대한민국의 헬스케어 디자인이 또 한 번 업그레이드된다고 느꼈다. 헬스케어 디자인에 대해서 고민해주는 분이 있음에 더없는 감사함을 느낀다.

- **김우성**, 방배동 GF 소아과 원장

매일 동도 트기 전에 아침을 여는 노태린 대표는 체력단련에도 열심인데, 업무와 연구를 기록한 책도 썼다고 하여 그녀의 열정에 놀랐다. 저자가 진행하는 코크리에이션 워크숍을 인천의 아파트 공

유공간 디자인 프로젝트에서 지켜본 경험이 있다. 오래전 배웠던 이론들이 현장과 소통하는 디자인으로 어떻게 구현되는지 알 수 있었다.

디자인싱킹에서 중심이 되는 '공감의 디자인'은 사람 만나는 것을 좋아하고 상대방의 장점을 눈여겨보며 소통을 끌어내는 그녀의 능력이 빛날 수 있는 분야이다. 또한 '서비스 디자인'은 포기하지 않고 집요하게 설득하며 결과물로 이어지게 하는 저자의 성격과 성취력이 돋보이는 방법론이다. '근거 기반 디자인'은 항상 배우며 노력하는 자세를 갖는 저자가 잘할 수 있는 영역이다.

이 책은 '헬스케어 디자인'이라는 조금은 익숙지 않은 분야를 차근차근 설명해주는 안내서였다. 이 책에는 노태린 대표의 축적된 경험과 노하우가 담겨 있고 공간디자이너에게 꼭 필요한 디자인 요소와 방법들을 이야기하고 있다.

정영선 조경가가 서울아산병원의 주차장을 울창한 숲으로 조성한 이유에 대해 한 말이 기억난다. 환자가 와서 마음껏 울어도 되고 지친 환자 가족이 위로받을 수 있고 시간과 싸우는 의료진이 쉴 수 있는 공간이 병원에는 꼭 필요하다고 했다. 저자가 추구하는 의료공간도 이런 곳이 아닐까? 많은 감정이 부대끼는 의료 공간에서 잠시 숨 돌리며 마음의 평안을 찾을 수 있는 곳. 그런 공간을 디자인하기 위해 그녀는 오늘도 새벽에 일어나 하루를 분주함으로 채워 넣는 듯하다.

병원에 갈 때는 늘 긴장하게 되고 두려움도 함께한다. 의료 공간이 이러한 몸과 마음에 긴장을 풀어주고 두려움을 덜어주며 기분까지 전환하고 행복감을 제공해준다면 더 이상의 치유는 필요 없을 것이다. 물리적 환경이 인간의 행동과 정신에 영향을 미친다는 사실을 지금은 많은 사람이 인지하고 있다. 다양한 사람들의 요구가 소통을 통해 조율된 디자인 공간은 사람들의 관계 변화와 정서적 변화도 촉진할 수 있다는 사실이 이 책을 통해 더욱 증명되는 듯하다. 좋은 건축이 거리를 변화시키고 살기 좋은 도시를 만들 수 있듯이 건축가로서 우리는 공간이 가진 힘을 믿는다.
의료시설에서 공간의 질이 환자의 회복에 영향을 미치고 환자의 가족들을 평안하게 해준다면, 그리고 그런 디자인과 공간의 힘을 믿는 건축주가 많아진다면 우리 세상은 더욱 행복해질 것이다. 이런 예비 건축주들과 미래의 헬스케어 디자이너들에게 일독을 권한다.
– **박혜선**, 인하공업전문대학교 건축학과 교수

학부에서 역사학을 전공한 배경으로 인해 노태린 대표는 디자인 프로세스의 근본을 찾고, 그 안에서 가장 객관적으로 남겨야 할 것이 무엇인지 생각하며 최상의 솔루션을 찾으려고 늘 애쓴다. 영국의 역사학자 E.H. 카가 "역사는 과거와 현재의 끊임없는 대화이다."라고 말한 것처럼 그녀는 자신이 설계한 과거 작업도 객관적으로 바라보고 분석하려고 한다. 또한 그녀는 그녀가 설계한 현재의 결과물이 사용자, 즉 환자와 병원관계자와 방문자가 어떻게 체험하고 기억할 것인지도 생각한다. 노태린 대표는 가장 인간적으로 계획되어야 하는 병원의 미래에 대해서도 끊임없이 고민하는 다소 고지식한 디자이너이다.

노태린 대표의 글을 읽으면 마치 내 자신이 그 현장에 직접 가 있는 상상을 하게 된다. 그곳의 구조적 조형성, 물성과 향기, 생생하게 들리는 사용자들의 대화가 들리는 것 같다. 그만큼 그녀는 설계 하나하나를 소중하게 기록하고자 했고 그 기록을 많은 사람에게 정확히 전달하고자 새벽 동트기 전 펜을 잡는 것이 습관이 되었다. 이 책은 저자가 자신의 프로젝트를 단순히 알리기 위해 쓴 것이 아니라 자기 경험을 통해 조금 더 나은 치유의 공간이 확산하였으면 하는 마음에서 쓴 책이다. 그래서 나도 이 책을 조금 더 천천히 읽게 되었다. 그녀의 설계가 간직하고 있는 인간 중심의 헬스케어 디자인을 이해하는 시간이 될 수 있게 음미하며 읽었다. 이 책은 헬스케어 디자인을 전공하는 학생들, 병원설계를 전문으로 하는 디자이너들, 그리고 무엇보다 사람 중심의 병원설계를 의뢰하려고 하는 분들에게 도움이 될 것이다. 많은 사람이 읽어 내려가길 바란다.

– **서수경**, 숙명여자대학교 환경디자인과 교수·한국문화공간학회 회장

물리적 구조가 어떠하냐에 따라 사람과 사람이 접촉하는 방식이 달라진다. 물리적 구조는 사람이 처한 사회적 상황에 영향을 미치며 사람의 감정과 행동에 영향을 미친다. '공간-내-존재'로서 사람은 공간 내에서 여러 감각으로 상호작용해서 행동을 결정한다. 육체적 질병이나 정신질환을 앓는 사람이 보다 나은 건강을 되찾을 수 있게끔 병원 공간이 도움을 주기도 한다. 병원 공간을 디자인하는 공간 디자이너와 마찬가지로 의사 또한 환자의 생활습관을 디자인한다는 점에서 같은 디자이너다. 공간 디자이너와 의사에게는

현장이 중요하다. 특히 공간은 언어나 영상만으로 알 수 없고 표현할 수 없기 때문에 현장에서 사람들과 직접 접촉하는 게 중요하다. 더 나은 공간을 만들기 위한 현장의 이야기와 노력들이 이 책에는 고스란히 담겨져 있다.

– 이강휴, 군산휴내과 원장

노태린 대표의 글에는 현장이 있다. 복합적이고 고도의 기능을 품은 공간이자 다양한 이해관계자가 얽히고설켜 있는 공간이 바로 병원이다. 노태린 대표는 어렵기 그지없는 헬스케어 디자인 현장에서 얻은 수많은 인사이트를 독자들에게 들려준다. 글에서 축적된 시간의 힘과 신념 가득한 노력이 고스란히 느껴진다. 읽고 나면 헬스케어 디자인이 품고 있는 충만한 의미와 다양한 매력에 푹 빠져든다.

– 이승지, 인천가톨릭대학교 융합디자인과 교수

오늘날 건강과 수명연장을 넘어 장수와 항노화가 전 세계적으로 화두가 되고 있다. 그렇기 때문에 이 책에 담겨 있는 노태린 대표의 실무 경험은 무엇보다 유용하고 소중하다. 헬스케어 공간을 설계할 때는 인간에 대한 이해가 필수적이다. 환자뿐만 아니라 의사와 간호사, 보호자 등 이 공간에 머무는 모든 사람들에게 친절한 '공감의 공간'이 되어야 하기 때문이다. 관련 분야 종사자뿐만 아니라 헬스케어 공간 디자인을 공부하는 젊은이들에게도 각별히 추천드리고 싶다.

– 정재승, KAIST 뇌인지과학과 · 융합인재학부 교수

병원은 아픈 사람만 가는 곳이 아니다. 사람이 살고 일하고 희로애락을 나누는 삶의 공간이다. 노태린 대표는 풍부한 경험을 바탕으로 병원이라는 공간을 새로운 시각으로 풀어내는 방법들을 알려준다. 환자를 위한 공간이란 무엇인가? 이 책은 사용자 중심 디자인과 서비스 디자인뿐만 아니라 신경건축학을 아우르고 있다. 헬스케어 공간에 대한 새로운 시각을 제시한다. 병원 디자인을 꿈꾸는 사람이라면 꼭 읽어야 할 책이다.

- **정지훈,** Asia2G 캐피탈 제너럴파트너·대구경북과학기술원 교수

미래사회가 원하는 병원은 단순히 환자의 병을 치료하는 공간을 넘어서 따뜻함과 감동까지 줄 수 있는 치유의 공간이다. 노태린 대표가 이번에 발간한 책은 그러한 역할을 할 수 있는 공간의 가치를 잘 담아낸 훌륭한 책이다. 이 책의 저자인 노태린 대표는 의료 관련 시설의 공간 디자인 분야에서 선구적인 역할을 해왔다. 수년간의 경험과 성공적인 디자인 작업을 바탕으로 자신의 철학과 노하우를 풀어내고 있다. 환자의 경험이 디자인이 되고 병원이 몸과 마음을 위로하는 공간이 되는 헬스케어 디자인은 진정한 의료서비스의 출발점이다. 의료 관련 시설의 공간 디자인을 고민하는 이들이 이 책을 꼭 읽어봤으면 한다.

- **조치흠,** 계명대학교 의무부총장·동산의료원장

공간은
어떻게 삶을
치유하는가

공 간 은 어 떻 게 삶 을 치 유 하 는 가

사람을 중심으로 하는 헬스케어 디자인

노태린 지음

추천사

병원은 건강한 삶을 디자인하는 공간이어야 한다

김상일, 에이치플러스 양지병원 병원장·대한병원협회 사업위원장

병원을 경영하는 사람은 좋은 병원은 어떤 병원인지와 환자들에게 중요한 의료 서비스는 무엇인지에 대해 항상 고민하게 된다. 우수한 병원이 되기 위해서는 뛰어난 의료진과 최첨단 장비도 중요하다. 하지만 환자의 치유와 회복을 돕는 데 공간이 가지는 엄청난 영향을 간과할 수 없다. 병원에서는 일반적인 공간 디자인과 다른 특별한 접근 방식이 요구된다. 환자와 의료진 간의 다양한 상호작용, 진료 과정, 의료 분야의 특수성을 고려하여 공간을 이해해야 한다. 따라서 헬스케어 공간에 대한 심층적인 이해를 바탕으로 한 노태린 대표의 저서는 통찰력 있는 해결책을 제시하는 지침서라고 생각된다.

이 책은 노태린 대표가 수십 년간 병원 현장에서 땀 흘리며 겪어온 경험을 바탕으로 환자, 의료진, 직원의 다양한 관점을 세심하게 다루고 있다. 헬스케어 공간 디자인, 특히 병원 디자인을 다양한 사례를 통해 설득력 있게 보여주고 있다. 진료실과 대기실 등의 주

요 공간을 중심으로 혁신적인 디자인 사례를 소개하며 이를 신경건축학과 접목하여 쉽게 이해할 수 있도록 설명하였다. 병실 창가 자리에 있는 환자가 더 빨리 퇴원한다는 연구 결과 소개는 창문 하나가 환자에게 얼마나 큰 영향을 줄 수 있는지를 보여주었고 공간의 힘이 얼마나 대단한지 새삼 느끼게 하였다.

병원 디자인은 환자의 경험과 공간 사용자의 이해가 중요하다. 단순히 예쁜 외관이나 편의시설만으로는 부족하다. 사용자의 심리와 행동을 깊이 있게 파악하는 것이 필요하다. 노태린 대표는 실제 병원 현장을 체험하고 사용자와 직접 소통하는 것이 디자인의 핵심이라고 강조하고 있다. 여성 환자의 프라이버시와 심리적 안정을 고려한 비뇨의학과 공간 설계 사례를 보면서 모두가 편안하고 행복할 수 있는 공간을 조성하는 것과 현장에서 직접 경험하고 소통하는 것이 얼마나 중요한 것인지를 다시 한번 깨달을 수 있다.

이제 우리는 공간이 인간 뇌에 미치는 영향을 과학적으로 규명한 신경건축학이라는 분야를 바탕으로 인간의 행복과 건강을 증진하는 공간 디자인을 고려하는 시기에 살고 있다. 국내외의 병원에서 신경건축학 연구를 적극적으로 활용하여 환자 중심의 공간 디자인을 추구하고 있다. 향후 이 책을 바탕으로 하여 협업이 활발해지고 병원 디자인 분야에서 신경건축학이 널리 퍼지기를 기대한다.

병원은 질병 치료를 넘어 사람들의 건강한 삶을 디자인하는 공간이어야 한다는 메시지를 전한다. 우리 병원의 근본 목적을 다시 한번 돌아보게 하는 계기가 되었다. 환자의 심리적 안정감을 높이는 공간 설계, 의료진과 환자 간의 소통을 증진하는 공간 배치 등은 병원 경영자로서 깊이 고민해야 할 부분이다. 앞으로 병원을 운영하는 데 환자 중심의 치유 환경을 조성하고 환자들에게 진정으로 따뜻하고 편안한 병원을 만들어가고 싶다. 나와 같은 고민을 하는 병원 관계자분들을 비롯해 사람을 위한 공간을 만드는 데 관심 있는 모든 분께 이 책을 추천한다.

프롤로그

어떻게 치유 공간에서 인간 중심 디자인을 할 것인가

공간은 삶에 개입하고 영향을 미친다

코로나19는 우리 삶의 많은 부분을 바꿨다. 당연하게 여겼던 생활 방식이 더 이상 자연스럽지 않은 것으로 변해가는 현상을 목도했고 적응하느라 분주했다. 만나고 일하고 즐기는 방식의 변화는 공간의 변화로 이어졌다. 일상의 많은 부분이 온라인 공간으로 옮겨갔고 기능 중심의 오프라인 공간들은 변화의 요구에 직면했다. 특히 공간의 가치가 '경험'으로 결정되는 시대로 매우 빠르게 이동하고 있다. 이는 새로운 기준과 방식으로 공간에 접근하길 원하는 사용자와 공감하여 이를 최적의 공간과 서비스로 구현하는 공간 디자인의 역할이 그 어느 때보다 중요해졌다.

공간은 사람이 머무는 곳이다. 일하고 만나고 먹고 자고 즐기고 쉬는 모든 활동이 공간에서 이뤄진다. 공간에서 태어나 먹고 마시고 즐기고 울고 웃고 아프고 죽음을 맞이한다. 공간은 단지 삶의 배경이 아니다. 우리가 살아가는 과정의 모든 순간에 개입하고 영향을 미친다.

어떤 공간에서는 사람들이 편안함과 안정감을 느끼고 즐거움과 행복감을 경험한다. 반면 불안하고 불쾌한 감정을 경험하는 공간도 있다. 심지어 공간이 우울감과 무력감을 유발하기도 한다. 공간 환경이 정서적, 육체적 건강에 직접적인 영향을 미친다는 사실은 신경건축학Neuroarchitecture 등의 학문과 근거 기반 디자인EBD, Evidence-Based Design의 연구 등을 통해 이미 증명되고 있다. 이런 과학적 사실은 특히 병원 등 의료시설 공간 설계의 요건이기에 일찌감치 의료 공간에서는 '헬스케어 디자인'이란 이름으로 치유 환경을 고려한 설계를 하고 있다. 비단 의료시설을 너머 우리가 살고 있는 공간은 단지 '보기 좋은 꾸밈'을 위한 것이 아니다. 그렇기에 공간을 디자인한다는 의미는 우리가 잘 살아가기 위해 건강을 유지하고 삶을 풍요롭게 할뿐더러 때론 지친 심신을 위로하는 회복을 위한 공간이 되도록 하는 종합적인 행위라고 할 수 있다.

병원 공간은 의료의 일부이다

30년 가까운 시간 동안 나는 수많은 병원을 들락거리면서 일을 배웠다. 내 삶의 절반은 병원이라는 공간에서 보고 들으며 나의 생각을 키워왔다고 할 수 있다. 터미널 풍경과 다를 바 없는 로비와 대기실, 차가운 기운으로 가득한 복도, 불편한 병실, 오래된 가구들, 공간에 밴 짙은 약품 냄새 등은 의료 공간을 불안과 두려움의 이미지로 우리 인식에 새긴다. 불안하고 두려운 감정이 일어나는 공간에서 치료와 회복의 효과가 높을 수 없다. 병원의 공간은 곧 의료의 일부라고 해도 과언이 아니다. 병원 디자인은 과학적 사실을 근거로 의료 환경과 서비스 프로세스를 설계하는 행위다.

최근 의료시설 건축과 리모델링 현장에서 부쩍 변화된 흐름을 느낀다. 단순한 인테리어 개념에서 벗어나 의료 공간을 '치유'의 개념으로 이해하고 디자인을 고민하는 분위기가 확산되고 있다. 치유 공간은 그곳을 찾는 사람과 머무는 사람 모두를 환영하는 공간이어야 한다. 그렇다면 병실, 대기실, 진료실, 검사실 등에서 환자와 방문객, 의료진과 직원의 스트레스를 어떻게 줄일 수 있을까? 답은 바로 '공감'에 있다. 인간 중심 디자인의 시작과 끝은 공감이다. 사용자와 소통하고 공감하는 공간은 삶을 풍요롭게 한다.

인간 존중 디자인은 환자 경험을 개선한다

나에겐 꽤 독특한 습관이 있다. 언제 어디서든 아름다운 공간을 보면 감탄을 하기 전에 먼저 황급히 주변 사람들의 표정부터 살핀다. 사람들이 공간을 느끼고 생각하는 무형의 경험을 통해 공간의 진짜 모습을 읽어낼 수 있기 때문이다.

공간 경험은 공간 안에서 행동하고 보고 느낀 총체적 감정과 인식의 결과다. 그런 의미로 볼 때 의료 공간 디자인에서 가장 중요한 개념이 바로 환자 경험이다. 환자 경험은 의료 서비스 제공 과정에서 이루어지는 다양한 상호작용에 대해 환자들이 느끼는 감정과 인식의 집합을 뜻한다. 의료서비스는 병원이라는 공간에서 제공되기 때문에 환자 경험은 바꿔 말해서 환자가 병원이라는 공간에서 보고 듣고 느끼고 생각하는 모든 경험의 총체라고 할 수 있다.

환자 경험을 고려한다는 것은 '인간 존중'의 정신을 구현하는 것이다. 환자를 단지 치료의 대상이 아니라 육체적 고통과 정서적 불안으로 고통받는 인간으로 보고 접근하는 관점이 녹아 있다. 환자 중심 디자인의 목적은 환자 경험에 관련된 불편한 문제를 해결하는 것이다. 가령 종합병원 디자인의 단골 숙제인 대기실 리모델링은 공간에서 환자를 포함한 사용자의 불편함을 찾아내고 최선의 솔루션을 구현하는 것이다. 디자이너는 눈에 보이지 않는 환자 여정을 직접 경험해보고 공감한 바를 유·무형의 디자인으로 구현한다. 좋은 디자인과 그렇지 않은 디자인의 평가는 오직 환자 경험이 어떻게 변화했는지로 결정된다. 리모델링 후 환자가 병원과 소통이 원활하고 병원으로부터 공감받고 있다고 느낀다면 디자이너는 성공적으로 숙제를 풀어낸 것이다.

오래전 병원 디자인 분야에 뛰어든 후 먼지 자욱한 현장에서 고군분투하며 깨달은 사실이 있다. 공간 디자이너에게 디자인 스킬은 중요한 능력이다. 하지만 나는 공간 디자이너의 진짜 능력으로 "공감을 이끄는 디자인을 어떻게 하는 것인가"에 대해 말하고 싶다. 디자이너가 통찰력을 발휘한다거나 클라이언트의 요구사항을 잘 헤아린다고 해서 그 디자이너가 공감력이 높다고 말하지 않는다. 공감의 디자인으로 접근하기 위해 체계적인 프로세스를 거치며 지속적으로 마음의 교감이 이루어지고 피드백을 주고받으며 내

놓는 결과물이야말로 공감의 디자인이라 할 수 있다.

10여 년 전 의료시설 리모델링 현장에서 처음으로 공간 디자인 설계 과정에 서비스 디자인을 도입했다. 물론 이전에도 집, 학교, 사무실 등 다양한 공간을 디자인하는 디자이너로서 클라이언트의 요구사항을 반영하기 위해 여러 절차를 밟으며 설계 과정을 진행해왔다. 하지만 의료시설을 디자인하면서 그게 다가 아니었다는 것을 깨달았다.

그간 많은 시행착오를 바탕으로 현실에 맞는 단계별 프로세스를 직접 고안했다. 의료 공간을 디자인할 때 필연적으로 다양한 이해관계자들 간의 충돌이 일어난다. 그때 이들을 설득하고 공감을 끌어내기 위해 서비스 디자인을 접목한 프로세스를 개발한 것이다. 사용자의 목소리를 듣고, 드러나지 않는 마음을 읽고 사용자 스스로 디자인에 참여토록 하는 등의 다양한 단계를 거쳐 공감의 폭과 깊이를 확장하는 데 주력하고 있다. 현장에서 발생하는 문제들이 워낙 다양하고 이해관계가 복잡해서 때론 만족하지 못한 반응을 얻을 수도 있다. 그런데 공사를 마무리하고 수년이 지난 후 사용자가 공간에 대해 평가하는 얘기를 종종 듣게 됐다. 놀랍게도 성공적인 평가를 받은 사례는 모두 사용자와 공감을 위한 프로세스를 끝까지 고집하고 지킨 현장이었다.

공간 디자인을 업으로 삼아 수십 년 훈련해온 전문가에게 자기 생각을 내려놓고 사용자의 눈높이로 사고하며 공간을 이해하라고 요구하는 것은 생각만큼 쉽지 않다. 번거롭고 비효율적으로 생각되는 과정을 반복해야 하기 때문이다. 하지만 사용자에 대한 깊은 이해 없이 좋은 공간은 만들어지지 않는다. 공간 경험을 나쁘게 만드는 것은 뻔히 보이는 큰 문제가 아니라 사용자가 아니라면 알기 어려운 사소한 불편함 때문이다.

사용자가 직접 디자인에 참여하는 리모델링 프로젝트는 완료될 때까지 바람 잘 날 없다. 큰 기대와 작은 갈등이 수없이 부딪치고 때로는 시행착오를 겪기도 한다. 주요 클라이언트가 의사다 보니 설계자로서 스마트한 그들을 설득하는 것에 어려움도 많았다. 디자이너의 설계 과정을 쉽게 생각하거나 자신의 입지와 공간적 제약은 무시하고 그저 잘되는 병원 사례를 벤치마킹해 달라는 경우도 있었다. 그런 부분에서 의사들에게 그 병원과 당신의 병원은 같지 않다고 설득해야만 하는 것은 너무나 어렵다. 다른 개별적 공간 환경도 그렇지만 그 환경에 놓인 사용자들도 제각기 다르기 때문이다.

그리하여 프로젝트를 대할 때마다 현실적 상황을 고려하면서 그때그때 달리 고민했다. 건축 설계는 클라이언트 그 이상의 마음이 되어 공간에 대한 주인의식이 형성되어야만 한다. 공간이 사용자에게 더 좋은 영향을 미치는 환경으로 변화하는 건 소수 전문가의 노력만으로는 부족하다. 그래서 롤러코스터를 타듯이 울고 웃는 현장에서 사용자들이 공간의 주인으로서 참여하도록 프로그램을 만들고, 끝까지 유지하고 독려하는 일을 게을리하지 않아야 한다. 그것은 주어진 환경에서 최고의 디자인을 완성하고 궁극적으로는 앞으로 사람들의 행복과 꿈을 실현해 줄 수 있는 공간을 완성하기 위해서다. 프로젝트 진행자는 클라이언트를 설득하고 사용자들의 마음을 헤아려 그들 모두가 만족할 최상의 결과물을 만들어내야만 한다. 즉 클라이언트에겐 최소한의 비용으로 공간을 활성화시킬 수 있는 방안을 제시하고 사용자들에겐 공간에 들어가면 행복하고 마음이 따뜻해질 수 있다는 믿음을 줘야 한다.

그러기 위해서는 더 편안하고, 더 편리하고, 아이디어와 꿈을 실현하기 위한 과학적 접근 방법으로서의 헬스케어 디자인이 필요하다. 과거 병원은 치료만 잘하면 된다고 말했다. 하지만 이제 병원은 환자에게 궁극적으로 행복감을 제공하는 의료 서비스를 고민한다. 환자 경험을 바꾸는 디자인 파워가 병원의 지속가능성을 결정하는 시대가 된 것이다.

1984년 미국의 환경심리학자 로저 울리히Roser Ulrich는 창을 통해 보이는 환경이 수술 환자의 회복에 어떤 영향을 미치는지에 대한 연구 결과를 발표했다. 단지 창이 하나 있고 없는 정도의 차이일 뿐인데 두 그룹의 환자들은 입원일수와 진통제의 강도 및 투약 횟수, 합병증 발병 등에서 큰 차이를 보였다. 창밖으로 자연환경을 볼 수 있는 환자들은 수술 결과와 회복 속도 등에서 모두 좋은 결과를 보였다. 이후 태동한 신경건축학은 색, 빛, 소리, 촉감, 자연요소를 적절하게 사용하면 스트레스 수준이 감소하고, 건강 결과를 개선하고, 통증 관리에 도움이 되고, 환자와 방문객과 직원의 행복도를 높인다는 사실을 밝혀냈다. 한마디로 공간의 질이 환자의 회복에 지대한 영향을 미친다는 얘기다.

물리적 환경을 바꾸면 환자의 스트레스를 줄여 회복이 빨라지고 의료진의 스트레스를 줄여 실수가 줄어든다. 의료시설의 건축과 리모델링은 반드시 과학적 연구에 기반한 '근거 기반 디자인EBD, Evidence-Based Design'을 적용해야 한다. 중환자실의 간호사 스테이션 배치에 따라 환자 사망률이 달라지고 병실 위치와 화장실 구조를 조정하여 낙상환자를 줄일 수 있다. 창과 동선 설계만으로 병원 내 철창을 없앨 수 있다. 병원은 치료와 치유가 모두 일어나는 공간이다. 집을 떠나 머무는 환자에게 집과 같은 환경을 제공할 수 있어야 한다. 궁극적으로 고객에게 행복한 감정을 불러일으키는 요소들을 공간 디자인에 반영해야 한다.

대부분 병원의 건축과 리모델링은 벤치마킹으로부터 시작한다. 외부에서 성공적인 디자인 사례를 가져와 자신에게 맞는 방식으로 적용하는 것이다. 하지만 사용자가 다르면 공간도 달라진다. 공간은 그곳에 머무는 사람과 상호작용하며 변화하기 마련이다. 아무리 좋은 디자인도 가장 중요한 건 사용자 경험이 얼마나 긍정적으로 지속되는지 여부다. 따라서 나는 리모델링이 모두 완료된 후 사용자들이 공간에 대해 계속 이야기하고 평가하도록 제안하곤 한다. 내부에서 데이터를 축적하고 정보를 공유해야 옳은 개선의 방향을 설정할 수 있기 때문이다.

이 책을 집필하게 된 이유도 여기에 있다. 병원의 건축과 리모델링에서 변화가 필요하지만 백지 상태에서는 무엇이 문제이고, 왜 바꿔야 하고 어떻게 바꿀 수 있는지 방향을 가늠하기조차 쉽지 않다. 이 책은 수십 년 동안 병원 현장에서 부딪힌 문제들과 마치 시험을 치듯 그 문제를 풀어낸 과정의 이야기들이다. 그래서 사람이 살고 머무는 공간 디자인을 고민하는 이들에게 도움이 되었으면 한다.

리모델링이 시작되면 현장은 여러 변수와 예측하기 어려운 마음들로 가득해진다. 그런 가운데 부딪치고 설득하고 협력하며 공간에 녹여내고자 했던 가치는 '사람이 행복한 공간'이었다. 남몰래 눈물도 흘리며 프로젝트를 완성한 후 사용자들이 기대하지 못한 감동을 표현할 때 공간 디자이너로서 깊은 자부심을 느낀다. 과거 디자이너 개인의 영감과 감성으로 설계도면을 완성해 클라이언트에게 보고하고 승인받아 프로젝트를 진행했던 시절에 느꼈던 기쁨과는 전혀 다른 차원의 희열을 경험한다.

하지만 때로는 좋은 디자인을 완성해도 현실에서 살아남지 못하는 경우가 있다. 또 과학적 근거를 충실하게 반영한 디자인이 모두 좋은 공간이 되는 것도 아니다. 시간이 지날수록 공간 디자인은 어렵기만 하다.

미래학에서는 미래를 기본 미래, 가능성의 미래, 바람직한 미래, 뜻밖의 미래의 네 가지로 구분해서 예측한다고 한다. 디자이너의 숙명에 대해 생각하게 하는 말이다. 디자인은 현재의 문제를 풀어냄으로써 더 나은 미래의 가능성을 높이는 데 주목한다. 하지만 디자인이 '바람직한 미래'의 솔루션을 모두 제안할 수는 없다. 디자이너는 '바람직한 미래'를 '가능성의 미래'로 최적화하기 위해 노력하는 사람이다.

차곡차곡 쌓아온 현장의 기억을 끄집어내어 글로 정리하며 좋은 공간과 디자인에 대해 다시 고민하고 마음을 다독이는 시간을 가졌다. 쉽지 않은 과정이라 시간도 오래 걸렸다. 하지만 지난 시간 속에서 귀한 가르침을 주신 고마운 분들과 한결같은 지지를 보내주는 선후배, 친구들, 그리고 내 수업을 듣는 제자들을 떠올리며 참으로 뜻깊었다. 이 책이 늘 환자와 직원들이 행복했으면 좋겠다고 불철주야 노력하고 고민하시는 병원장님들, 그런 바람과 꿈들을 실현하기 위해 지금도 현장에서 열심히 문제를 풀고 있는 디자이너들, 그리고 차세대를 이끌어갈 디자이너들에게 작은 도움이 되길 바라고 응원한다.

2024년 6월

노태린

4부 [신경건축학 디자인]

뇌가 좋아하는 공간이 몸과 마음을 치유한다 • 171

5부 [근거 기반 디자인]

공간 디자인은 감정이 아니라 과학이다 • 223

RESTROOM

• 1부 •

[사용자 중심의 디자인]

사람을 이해해야 공간이 보인다

1.

공간을 사용할 사람의 마음으로 디자인한다

미국에는 장애인 전용 화장실이 없다

하루는 인터넷 서핑을 하다가 '미국에서 장애인 전용 화장실을 찾기 힘든 이유'라는 제목의 글을 읽었다. 이 글을 쓴 사람은 한국에서 20여 년간 개발자로 일하다가 미국 유학을 결심한 뇌성마비 중증 장애인이었다. 평생 한국에서 살다가 미국에 갔는데 익숙하게 이용하던 장애인 전용 화장실을 찾아보기 힘들었다는 에피소드로 이야기를 시작했다.

우리나라는 지하철 역사 공중화장실만 가도 장애인 '전용' 화장실이 있다. 일반 화장실과 입구가 아예 분리되어 있어서 줄을 서지 않아도 된다. 공간도 널찍해서 휠체어를 탄 사람도 무리 없이 드나들 수 있다. 반면 미국의 화장실은 장애인과 비장애인을 구분하는 화장실이 따로 없다. 여러 칸 중 하나를 휠체어가 들어갈 정도로 조금 더 크게 만들고 벽에 안전손잡이를 설치한 것이 전부다. 세계 최고의 장애인 재활 및 복지 선진국이라 인정받는 미국에 장애인 전용 화장실이 거의 없다는 건 상당히 놀라웠다. 전용 화장실이 없으면 장애인들이 큰 불편을 겪지 않겠는가. 그런데 정작 글쓴이의 이야기는 달랐다. 휠체어가 없으면 움직일 수 없는 중증 장애인은 전용공간을 보장하는 한국의 화장실보다 미국의 화장실에서 오히려 큰 감동을 받았다. 그는 장애인과 비장애인을 구분하지 않는 화장실에서 '인간의 기본 권리를 차별 없이 보장받는 사회'를 경험했고 큰 위로를 받았다.

이 사례는 전용 화장실이 장애인의 권리를 보장하는 것이라는 당연한(?) 생각에 처음으로 의문을 갖게 했다.

'만약 내가 휠체어에 앉은 장애인이라면 어떤 생각을 했을까?'

공공장소에 장애인 표식을 크게 붙여놓은 화장실에서 줄을 서지 않는다는 이유로 존중받는다고 느낄 수 있을까? 식당에서 함께 식사하다가 나 혼자 역사의 전용 화장실로 이동하면서 장애인 전용 화장실이 있어서 참 다행이라고 생각할까? 그렇지는 않을 것이다.

한국과 미국은 모두 장애인을 위한 화장실을 고민했다. 한국은 장애인을 위한 '전용'을 택했고 미국은 장애인과 비장애인 구분 없이 함께 사용하는 '범용universal'을 택했다. 참고로 한국은 면적 500제곱미터 이상의 병원은 의무적으로 장애인 전용 화장실을 설치하도록 규정하고 있다. 면적 단위당 장애인 전용 화장실이 차지하는 면적이 작지 않으므로 공간 디자인을 할 때 늘 어려움을 겪는다.

여하튼 두 나라의 해법이 달랐던 건 누구의 눈으로 공간을 보았는지의 차이다. 휠체어 이동이 가능한 면적, 지지대와 버튼 위치 등 기능적 편의성은 양국의 화장실이 대동소이하다. 전용 화장실을 설치한 한국이 공간 면적에서는 오히려 더 여유가 있다. 그러나 미국의 화장실이 장애인들에게 더 좋은 공간인 까닭은 그들의 마음이 그대로 적용되었기 때문이다.

"내 집 화장실처럼 사용해 주세요." (공중화장실)
"내 가족이 먹는 음식처럼 정성을 다합니다." (음식점)
"내 부모님처럼 사랑으로 모십니다." (요양원)

정말 흔하게 보는 문구들이라서 별 감흥 없이 넘기지만 곰곰이 생각해보면 그만한 지침이 또 없다. 누구를 대하든 내 가족처럼, 내 일처럼 하면 문제가 발생할 확률이 크게 낮아진다.

공간 디자인도 마찬가지다. 공간을 사용할 사람의 시각으로 보고 그 사람의 마음으로 생각하는 게 디자인의 시작이다. 주택을 디자인할 때는 가족 구성원의 입장이 되어보고, 호텔을 디자인할 때는 투숙객의 입장으로 생각하고, 병원을 디자인할 때는 환자 경험을 이해하고 디자인해야 사용자에게 온전히 마음이 전해진다. 하지만 말이 쉽지 남의 마음을 이해하기란 여간 어려운 일이 아니다.

병원 디자인을 시작하고 수십 년 동안 첫 미팅에서 빠짐없이 듣는 말이 있다. "여러 병원을 작업했으니 안 봐도 견적이 딱 나오지 않아요?"라는 말이다. 일부분 틀린 말은 아니다. 하지만 그럴 때마다 내 답은 한결같다.

"일단 병원을 둘러볼까요?"

디자인 회의를 하기 전 사용자의 눈으로 병원을 둘러보며 도면에 나타나 있지 않은 공간과 사용자 특성을 이해한다. 낯선 방문자의 눈은 그곳 환경에 익숙한 사용자들이 오히려 인식하지 못하는 문제를 발견하기도 한다.

클라이언트의 "척 보면 알지 않느냐?"라는 기대 섞인 질문에 전문가답게 무엇이든 다 아는 듯 시원한 답변으로 신뢰를 줄 수도 있다. 그러나 그렇게 하지 않는 이유가 있다. 척 보면 아는 일은 실제로 가능하지 않기 때문이다. 사실 전국의 웬만한 병원들은 눈도장을 찍고 다닌 세월 덕분에 어느 병원이든 직접 보지 않아도 머릿속에 도면을 대략 그릴 수 있다. 대부분 병원의 내부 공간은 구조와 형태가 비슷하다. 그러나 구조가 같다고 공간이 같은 건 아니다. 가령 아파트는 똑같은 구조로 설계되지만 누가 사느냐에 따라 같은 공간도 크게 달라진다. 공간은 물리적 구조가 아니라 그 공간만의 콘텐츠, 즉 사람들의 스토리를 알아야 제대로 이해할 수 있다.

수영장 이용객이 줄어든 진짜 이유가 있다

사람이 중심인 디자인을 설명할 때 자주 소개되는 사례가 있다. 1950년대 덴마크의 어느 작은 도시의 공공 수영장에서 있었던 일이다. 지역의 남녀노소 모두에게 인기가 높은 수영장이 언제부턴가 이용객이 급격하게 줄기 시작했다. 공무원들이 직접 수영장을

수영장 디자인. 오래된 수영장과 최신 수영장.
잘 만들어진 공간일지라도 디자인만 좋다고 사용자가 찾는 것은 아니다.

실사하여 깨진 유리창과 낡은 샤워장 등 낙후된 시설을 원인으로 판단했다.

지자체는 건축가에게 리모델링 디자인을 의뢰했다. 그런데 몇 주 후 건축가는 전혀 다른 답을 내놓았다. 이용객 수가 감소한 이유는 낡은 시설 때문이 아니라 갑자기 바뀐 버스 스케줄 때문이라는 것이다. 정각에 오던 버스의 도착시간이 15분 늦어지면서 출근 전 30분 또는 퇴근 후 30분 수영장을 찾던 주민들이 출근 전 15분 더 일찍 집을 나서거나 퇴근 후 15분만 수영해야 하는 상황이 되었다. 수영장 이용률이 떨어질 수밖에 없었다. 건축가는 지자체에 새로운 시설보다 먼저 버스 시간표를 되돌릴 것을 제안했다. 여기서 공무원과 건축가의 차이는 사용자에 대한 이해 여부에 있었다. 건축가는 직접 주민들을 만나 대화하면서 아침저녁에 고작 15분에 불과한 짧은 시간이 바쁜 주민들에게 얼마나 중요한지 공감했다.

사람들이 흔히 하는 실수 중 하나가 '아는 것'과 '안다고 생각하는 것'을 착각하는 것이다. 이 둘의 차이는 매우 크다. 수영장의 낡은 시설을 보고 '어휴, 이러니 사람들이 오질 않지.'라고 한 판단은 실제 주민의 마음을 이해한 결과가 아니었다. 그 공간을 직접 이용하는 사람이 아니라면 절대 알 수 없는 정보들이 있다. 사용자의 스토리를 알아야만 사용자의 관점으로 공간의 문제를 파악할 수 있고 옳은 해법을 찾을 수 있다.

건축가가 공무원의 말만 듣고 오래된 수영장을 새롭게 리모델링할 제안서를 가져와서 고쳐놓았다 한들 수영장을 찾는 주민들이 더 많아졌을까? 공간을 디자인하기 위해 주민들이 수영장을 못 가게 된 원인을 분석하고 그들을 인터뷰했던 경험들이 공유되었기 때문에 버스 시간대 개선을 토대로 한 리모델링 디자인 방안이 수립된 것이다. 그만큼 사람들의 요구사항을 반영하고 그들의 마음을 들여다볼 수 있는 서비스 디자인이 공간을 디자인하는 데 꼭 필요할 수밖에 없는 이유를 설명하기에 좋은 사례다.

모든 공간은 저마다의 사용자가 존재하기 때문에 똑같은 매뉴얼로 만들 수 없다. 어떤 공간이 좋은 공간이고, 어떻게 해야 회복과 치유의 환경이 완성되는가는 그 공간에서 살고 일하고 머무는 사람들의 경험으로 결정된다. 어떻게 공간을 디자인할 것인가? 답은 화려한 포트폴리오 안에 있지 않다. 공간 디자인은 언제나 사람의 마음을 읽는 데서 출발해야 한다.

2.
누구의 목소리에 집중할 것인지가 핵심이다

건물주만 만족시키는 것이 능사가 아니다

건축계의 오래된 농담으로 '조물주 위에 건물주'라는 말이 있다. 건축 분야는 유독 위에서 내린 결정을 그대로 수용해 따르는 톱다운top-down 방식의 의사결정 관행이 있다. 건축을 발주하는 건물주, 즉 고객이 내리는 판단이 최종 결정을 좌우한다. 고객을 얼마나 만족시켰느냐에 따라 건축가나 디자이너의 전문성이 평가된다.

현실이 이렇다 보니 건축가와 디자이너는 설계 단계에서 건물주의 취향과 기대심리를 찾아내는 데 모든 에너지를 집중하게 된다. 때론 아예 고객이 디자인 방향을 결정짓고 건축가와 디자이너는 고객의 의견을 그대로 수용하기도 한다. 그럴 경우 건축주는 자신이 원하는 대로 건물을 지어놓고도 행여 잘못된 사항이 생기면 설계자를 탓하기도 한다. 그렇기에 소위 잘나가는 건축가나 유명세 있는 디자이너에게 설계를 의뢰하는 것이다. 명성에 힘을 입어 지어진 공간에 만족하는 경우는 그나마 다행이다. 하지만 구미에 딱 맞지 않고 행여 하자가 발생할 경우 건축주는 문제의 책임을 설계자나 시공자의 탓으로 돌린다. 그만큼 공간을 만들고 바꾸는 일은 참으로 힘들고 험한 직업이기에 건축을 하면서 소통이 얼마나 중요한지 알 수 있는 대목이다.

아주 오래전 공간 디자이너라는 명함으로 야심 차게 활동을 시작한 이후 전국으로 이름이 알려지면서 집을 고치는 디자이너로서 영역을 넓혀갔다. 그 무렵 나는 오래된 종합병원의 어느 한 공간의 리모델링을 맡게 되었다. 대형 종합병원이었지만 내게 주어진 공간은 고작 20평도 안 되는 작은 공간이었기에 별일 아니라고 생각하고 누가 봐도 멋지게 잘 고쳐봐야겠다는 욕심과 자신감이 앞서 일을 시작했다. 그런데 시간이 지나면 지날수록 설계는 끝이 나지 않았다.

자신감 있게 도면을 그려갔는데 같은 공간에 살고 있는 여러 사용자의 목소리를 들으면 어제의 노고는 헛수고가 되고 전혀 다른 새 공간으로 구상하기 위해 밤을 지새우는 나날이 반복됐다. 이때 여러 직군의 사용자가 공존하는 공간 설계는 그동안 해왔던 공간 디자인과 다르다는 것을 깨달았다. 당시 나는 업계 10여 년 이상의 경험과 노하우로 누가 봐도 멋지고 아름다운 설계 도면을 그려내는 것에 자부심이 있었다. 그런데 병원에서 근무하는 다양한 직군의 사람들을 만나 소통하며 나눴던 이야기들을 어떻게 공간에 표현해야 할지 감을 잡을 수가 없었다.

나는 그 당황스러운 나날들에 적응하기 위해 병원에 오래 머물었고 자연스럽게 병원 사람들의 다양한 움직임이 시야에 들어오기 시작했다. 언제부턴가 환자, 의사, 간호사, 행정 직원, 시설 관리자, 일반 방문객의 행동과 동선이 한눈에 들어왔다. 순식간에 그들의 표정까지 읽게 되는 수준에 이르렀다. 현장을 보는 눈이 넓고 깊어지면서 자신감도 회복했다. 내가 도면을 들고 가면 자연스럽게 한두 명씩 다가와 이런저런 불편함을 호소했다. 의료진과 행정 직원들은 물론이고 입원 환자와 보호자들도 마치 내가 나타나길 기다렸다는 듯 이야기를 쏟아냈다.

솔직히 처음엔 당황스러웠다. 잔칫상 메뉴는 이미 정해졌고 장까지 봐두었는데 갑자기 다른 메뉴를 주문받은 요리사의 심정이었다. 나는 일단 수첩을 꺼내 그들의 이야기를 받아 적었다. 그리고 다음 날 카메라를 들고 현장을 다시 찾았다. 어제까지 내가 이렇게 바꿔봐야겠다고 생각했던 공간과는 다른 모습의 공간으로 보였다. 설계를 다시 했다. 내 생각만으로 또는 그 누구의 생각만으로 한 사람만을 위한 공간을 만들어선 안 되겠다는 일념이 마음속에 가득 찼다. 같은 공간 안에서 모두 함께 즐거운 생활을 가능케 하는 것이 공간 디자이너의 숙명임을 받아들인 것이다.

다양한 사용자의 니즈를 만족시켜야 한다

"유저 미팅 합시다."

의료 분야 설계와 디자인을 경험해본 사람들이 아니면 다소 생소한 이 말은 병원 디자인의 시작을 알리는 일종의 구호와 같다. 유저는 '공간 사용자'를 말한다. 디자이너로서 고객인 의뢰인client의 의중에만 집중한다면 아마도 프로젝트를 진행하는 과정은 조금 더 수월할 것이다. 사실 사용자를 디자인 프로세스에 참여시키는 순간부터 디자이너는 고난의 행군을 시작하게 된다.

우선 가장 강력한 의사결정자인 고객과 다수 사용자들의 요구가 일치하는 경우가 많지 않다. 또 사용자 그룹 안에서도 서로 의견이 충돌한다. 각자 이해에 따라 신경전이 벌어지기 일쑤다. 또 누구의 목소리에 집중할 것인지 우선순위가 분명한 경우 상대적으로 소외되는 사용자들이 있다. 실제로 누군가의 공간은 필요에 따라 자주 이동되고 때론 하루아침에 사라지기도 한다. 정말 그런 일이 벌어질까 갸우뚱할 수도 있는데 사실이다.

공사 현장에서 디자이너가 가장 많이 만나는 사람들은 시설관리자들이다. 그런데 이들이 근무하는 사무실은 대개 지하 몇 층을 내려가 땅굴 같은 곳에 있거나 몇 개의 컨테이너를 붙여 만든 공간인 경우가 많다. 언젠가 모 병원 현장에서 경험한 일이다. 분명 며칠 전 회의를 했던 곳인데 갑자기 사무실이 사라지고 없었다. 알고 보니 병원 측이 의료진과 환자의 동선에 방해가 된다는 이유로 부수적(?) 공간을 치운 것이라고 했다. 공사가 진행되는 동안 우리 디자인팀은 메뚜기처럼 옮겨 다니며 일해야 했다. 한시적 사용자였던 우리와 다르게 매일 온종일 근무하는 시설관리자들에게 병원은 어떤 공간일까? 당시 시설관리를 담당하는 소장과 이에 대한 대화를

병원에서의 다양한 상호작용

병원 환경에서 다양한 인터렉션의 움직임

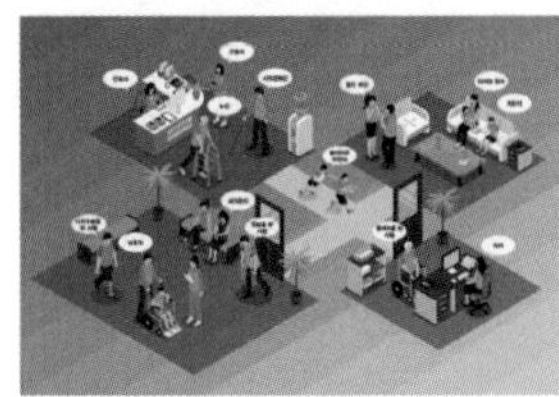

병원은 한 공간에서 다양한 직군의 사람들이 만나 일을 하고 니즈가 다른 사람들이 함께 머무는 매우 복잡한 장소다.

나누었는데 그가 불쑥 나에게 질문을 던졌다.

"우리 병원에 대략 몇 개의 다른 직업군들이 있을까요?"

"글쎄요. 대략 30개쯤 될까요?"

"땡입니다. 50개가 넘습니다."

순간 머릿속이 복잡했다. 50여 개의 서로 다른 직군의 사람들이 일하는 공간에는 매우 다양한 니즈가 존재한다. 서로 다른 일들을 하고 있으니 그만큼 바람도 다르다. 같은 공간에서 일해도 서로 업무 형태가 조금씩 다르고 각자 자신의 업무에 최적화된 공간을 원한다. 그러다 보니 어느 누구의 말만 듣고 디자인을 할 수가 없다.

사용자를 디자인 프로세스에 참여시키는 일이 디자이너에게 고난의 행군인 까닭이 바로 여기에 있다. 직원들의 니즈를 최대한 반영한 디자인을 병원장의 요구에 따라 고쳐서 병원장의 마음에 들면 다시 직원들이 불편함을 호소한다. 환자 중심의 공간을 만들었는데 의료진의 공간 만족도가 크게 떨어진다. 의료진의 니즈를 우선적으로 반영했더니 이번엔 직원들의 불만이 고조된다. 병원은 최소 50여 개 이상의 이해관계가 모여 있는 복합 공간이다. 그래서 병원 리모델링은 사용자의 절반만 만족해도 성공이라는 우스갯소리가 있다.

병원 디자인의 궁극적 목적이 환자를 잘 돌보기 위함이라는 데에는 모두 동의한다. 그런데 환자 경험이 오로지 환자만을 위한 공간 디자인으로 개선되는 것은 아니다. 진료 환경은 환자에게 직간접적으로 영향을 미치는 모든 요소를 통합적 맥락으로 이해해야 한다. 환자뿐만 아니라 병원 내 모든 사용자의 공간 경험이 개선될 때 진료 환경이 좋아지고 궁극적으로 환자 경험의 향상을 기대할 수 있다.

3.
진료실은 누구를 위한 공간일까

리모델링한 공간에서의 진짜 삶의 이야기를 보다

2007년 봄의 일이다. 우연히 TV에서 「아빠, 안녕」이라는 프로를 보았다. 하루 1,000밀리그램의 모르핀으로 통증을 버텨내는 40대 말기 암 환자가 가족과 함께하는 마지막 한 달의 기록을 담은 다큐멘터리였다. 리모컨 버튼을 무심코 누르다 멈추게 된 건 화면 속 익숙한 공간 때문이었다. 수년간 신발이 닳도록 드나들며 리모델링을 진행한 병원이었다.

프로를 시청하는 내내 단 한순간도 눈을 뗄 수가 없었다. 디자이너는 병원을 디자인하고 리모델링이 끝난 후에 그 공간에서 이뤄지는 삶을 그저 짐작할 뿐 직접 지켜볼 기회가 없다. 그런데 TV 프로를 통해 내가 리모델링한 공간에서 일어나는 진짜 삶의 이야기를 보게 된 것이다. 아빠와 가족들은 병원 곳곳에서 하루하루의 시간을 써 내려갔다.

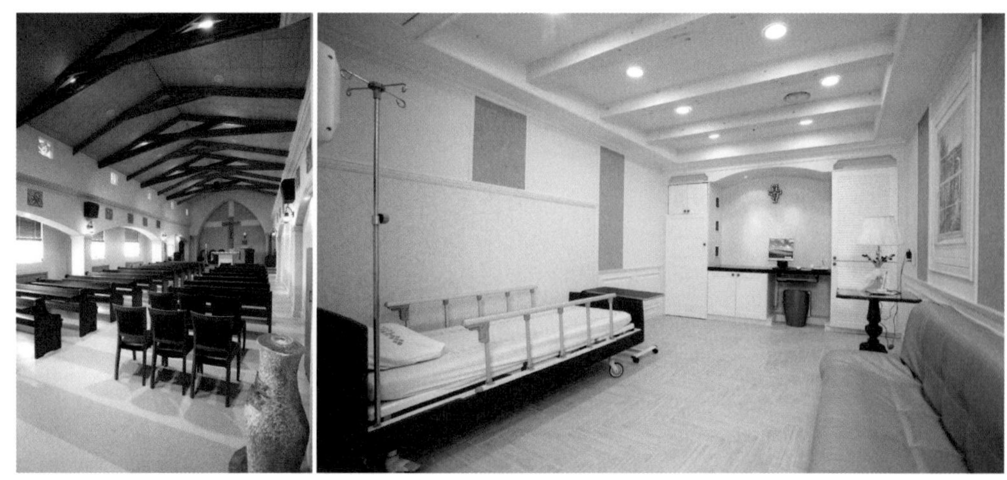
대전성모병원 내 소성당과 임종실 「사랑과 믿음의 방」 전경(2004. 5. 6)

하루 중 대부분의 시간을 보내는 병실, 추운 날 환자복 차림으로 휠체어를 밀고 나가 햇빛을 즐기는 야외 공간, 담당 의사와 상담하는 내내 긴장감 가득한 진료실, 가족과 마지막 순간을 보낸 임종실까지 어느 공간 하나도 삶이 배어 있지 않은 곳이 없었다. 그중 특히 시선을 뗄 수 없는 장소가 있었다. 바로 가족들이 아빠에게 죽음을 준비할 것을 알려주기 위해 선택한 장소이자 아빠가 자신의 시간이 얼마 남지 않았다는 사실을 두 아이에게 알려주기 위해 찾은 병원의 소성당이었다.

리모델링 당시 병원의 소성당은 특히 공사가 까다로웠다. 크지 않은 규모, 반듯하지 않은 천장, 철거하기 어려운 기둥 등 고려해야 할 부분이 무척 많았던 탓이다. 디자이너가 다루기에 어렵지 않고 추후 병원이 관리하기도 쉬운 자재를 찾느라 꽤 애를 먹었다.

그래도 결국 만족스러운 공간이 완성되었다. 이 프로를 보기 전까지 내 기억 속 성당은 '디자인적으로 잘 만든' 공간이었다. 그런데 방송으로 본 병원과 소성당은 단지 잘 디자인된 공간 그 이상의 의미가 있었다. 한 가족에게 평생 잊지 못할 장소였고 또 다른 누군가의 절절한 순간들이 기록되는 장소였다. 공간이란 무엇이고 또 디자이너는 무엇을 하는 사람인지에 대한 생각으로 마음이 무거워졌다. 내 일이 삶과 죽음, 사랑과 이별의 시간에 특별한 의미를 부여한다는 소명의식을 갖기에 충분했다.

인간의 기억은 거의 모두 장소와 깊은 연관이 있다. 우리가 머물고 있는 공간 환경은 기억, 감정, 건강한 정서, 행복감을 형성하는 데 직접 관여한다. 특히 병원은 삶과 죽음, 고통과 평화, 그리고 희망의 감정이 뒤섞이는 장소다. 그래서 병원 디자인은 작은 요소 하나라도 환자의 마음을 헤아리는 섬세함이 필요하다.

환자가 병원과 만나는 접점은 다양하다. 환자의 발길이 닿는 동선은 모두 접점이다. 그중에서 환자 경험에 매우 큰 영향을 미치는 장소가 진료실이다. 병원에 간다는 말은 영어로 'see the doctor'다. 병원에 가는 목적은 의사를 만나기 위함이다. 환자가 의사와 만나는 최초의 경험은 진료실에서 이뤄진다. 병원의 다른 시설이 아무리 훌륭해도 한두 평 남짓한 진료실의 기억이 환자 경험을 좌우한다고 해도 과언이 아니다.

고해성사하는 신도의 마음을 공간에 구현하다

진료실 환경의 중요성을 잘 아는 이들이 바로 의사다. 간혹 디자이너보다 더 파격적인 아이디어를 제시하기도 한다. 오래전 군산휴내과 이강휴 원장님도 그중 한 명이었다. 대학병원 심장내과 교수였던 그는 소위 입지가 좋은 대도시보다 규모가 작은 군산에서 심장내과를 개원했다. 심장질환은 시간이 생사를 가르는 특징이 있는데 군산 인근에는 심장내과 병원이 없다는 이유에서다.

"환자가 진료실에 들어왔을 때, 마치 성당에서 고해성사를 하듯 작은 방에 들어가 신부님께 자신의 죄를 고백할 수 있는 느낌을 받았으면 해요."

리모델링을 의뢰하는 고객들의 다양한 요구를 경험했지만 '고해성사를 하는 작은 방에서 죄를 고백하는 신도의 마음'을 공간 콘셉트로 요구한 건 처음이었다. 환자는 의사와 첫 만남에서 자신의 질병과 증세를 생각만큼 솔직하게 이야기하지 않는다. 이는 일부러 숨기려는 것이 아니라 불안함으로 인해 과도하게 긴장한 탓이다. 그런데 환자가 진료실에서 말하지 않는 사소한 정보는 진단과 치료에 크고 작은 영향을 미친다. 진료실은 환자와 의사의 상호 신뢰가 처음 형성되는 공간이어야 한다.

의사는 매일 모든 환자에게 짧은 시간 동안 비슷한 질문을 반복한다. 그러나 진료실을 찾는 환자는 모두 다르다. 환자와 속 깊은 대화를 하려면 질문의 기술도 중요하고 공간의 변화도 필요하다. 같은 내용의 질문도 공간이 바뀌면 답이 달라진다. 환자의 불안감

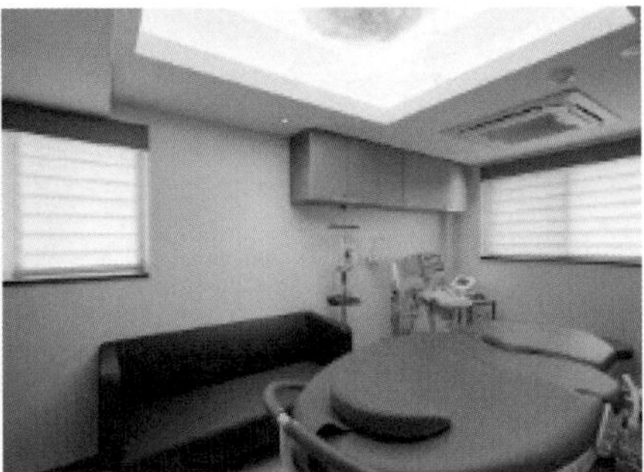

인천아이소망 산부인과의 일반진료실과 특수진료실

군산 휴내과 진료실 벽면에 걸려 있는 「지혜의 언덕」(좌)과 진찰실 입구 및 대기 복도(우)
(출처: 이강휴 원장)

을 덜어주는 진료실 디자인은 의사와 환자의 좌석 배치를 바꾸는 것부터 시작했다. 큰 책상을 사이에 두고 의사와 마주 보는 배치는 대립적 분위기를 만들고 환자를 심리적으로 긴장시킨다. 환자와 의사가 정면이 아닌 90도 위치로 앉고 함께 모니터를 보는 자리 배치를 통해 의사에게 마치 취조받는 듯한 위압감을 느끼지 않도록 배려했다.

진찰실 벽면은 유리월로 설치하여 칠판을 대신 했다. 평소 충분한 시간을 들여 진단 결과를 설명하는 원장의 습관을 고려한 것이다. 그래서 직접 그림을 그려가며 환자에게 병의 원인과 치료 과정을 설명할 수 있도록 했다. 또 진료 중 어린이나 노인 환자와 시선을 맞출 수 있도록 높낮이 조절이 되는 책상을 배치했다. 커다란 그림도 들여놨다. 이탈리아 시에나 성당 바닥에 그려진 작품 「지혜의 언덕」은 원장이 환자와 편안한 대화를 이끌어가는 데 매우 유용한 소재로 활용되고 있다. 다양한 일반 도서들도 배치했다. 물론 환자들이 진료실에서 읽을 책은 아니다. 진료실에서 흔히 볼 수 있는 의학서적들은 의사의 전문성을 강조하고 진료실다운(?) 분위기를 조성하는 데는 도움이 된다. 그러나 진료실이 의사 중심의 공간일 때 환자는 심리적으로 위축되고 긴장한다. 사람은 자신이 중심이 된 공간에서 가장 극대화된 편안함을 느낀다. '내 집 같은 편안함'이라는 광고 문구가 유명해진 이유는 많은 이들이 공감했기 때문이다.

진료실은 의사의 업무 공간인 동시에 환자에게는 자신의 가장 내밀한 비밀을 이야기하는 사적 공간이다. 이런 특성 때문에 휴내과 원장은 진료실이라는 이름을 바꾸길 원했다. 진료실은 의사의 사무실이 아니라 '사람과 사람이 만나는 곳'이면서 '사람이 살아나는 곳'이므로 의사 관점의 이름이 적절하지 않다고 판단한 것이다. 그래서 나도 이름을 지어 제안했다.

'의사의 디자인 룸Doctor's Design Room'

의사가 환자의 건강 회복을 바라는 마음은 마치 예술가가 작품을 그리는 마음과 같다고 생각한다. “미래의 의사는 질병만 치료하는 것이 아니라 건강한 삶을 디자인하는 사람이어야 한다.”라는 휴내과 원장의 말씀은 내 마음에 깊이 새겨 있다. 미래의 병원 디자인 역시 그러해야 한다.

4.
조사실은 질문하고 진료실은 소통하는 공간이다

환자는 진료실에서 불안감과 두려움을 느낀다

병원은 달라도 진료실 풍경은 대동소이하다. 공간을 압도하는 건 책상이다. 묵직한 책상 위에 큼지막한 모니터가 놓여 있고 책상 앞이나 옆에 동그랗고 작은 회전의자가 있다. 이 의자는 환자용이다. 자칫하면 앉다가 미끄러질 수도 있는 위험천만 이 회전의자는 의사가 진찰할 때 환자의 몸을 쉽게 돌리기 위해서 고안되었다. 즉 진료의 편의성을 위한 선택이다.

이런 진료실 풍경과 매우 유사한 공간이 있다. 바로 경찰서 조사실이다. 공간의 중심은 역시 책상이다. 책상을 사이에 두고 경찰관과 피해자 혹은 피의자의 대화가 이뤄진다. 병원 진료실과 경찰서 조사실의 풍경이 비슷한 이유는 공간의 목적이 유사하기 때문이다.

진료실의 의사는 증상의 원인을 알아내기 위해 환자에게 질문한다. 그래야 병명을 진단할 수 있다. 조사실의 경찰관은 사건의 원인을 알아내기 위해 상대와 얼굴을 마주하고 질문을 반복한다. 그래야 사건의 진상을 규명할 수 있다.

비슷한 두 공간에서 질문을 받는 사람들은 느끼는 감정도 비슷하다. 바로 불안감과 두려움이다. 진료실에서 의사 앞에 앉는 사람들은 몸이 아픈 환자다. 심리적으로 위축되어 있는데 혹여 의사 입에서 생각하지 못한 병명이 툭 튀어나오는 것은 아닐까 걱정한다. 경찰서 조사실도 마찬가지다. 죄를 짓지 않아도 죄지은 사람처럼 긴장되고 불안감을 느낀다.

질문하는 자의 입장에서 만든 공간은 답하는 자를 긴장시킨다. 경찰서 조사실이라면 이런 긴장감이 필요하다. 심리적으로 불안한 상태일 때 압박하면 원하는 말을 끌어내기 쉽다. 그러나 진료실은 조사실과 다르다. 의사와 환자의 만남과 대화는 그 자체로 치료의 과정이다. 진료실은 불안과 긴장의 공간이 아니라 환자가 편안함을 느끼는 치유 공간이어야 한다.

혁신적 공간 디자인으로 소통을 촉진시킨다

치유 공간에 관한 연구는 다양한 분야에서 빠른 속도로 발전하고 있다. 다른 나라의 앞선 의료 공간 디자인 트렌드를 놓치지 않기 위해 나는 오래전부터 해외 의료 건축 관련 박람회나 세미나는 어떻게든 짬을 내어 참석해왔다. 수년 전 미국 의료건축박람회 HCD, Expo+Conference에서도 듣고 싶은 강의를 놓치지 않으려 부지런히 발품을 팔았다. 당시 참석자들에게 가장 인기가 높았던 프로

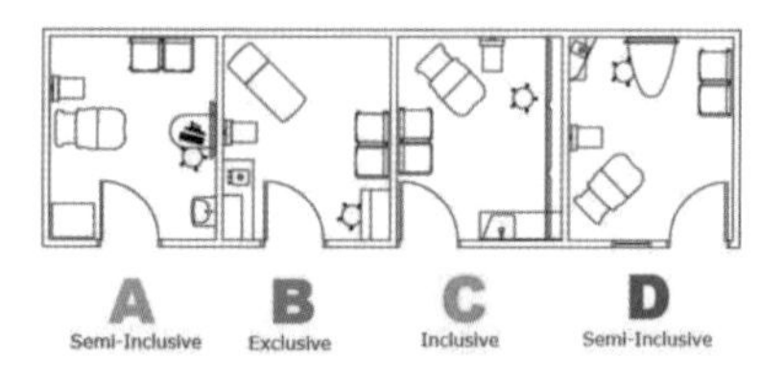

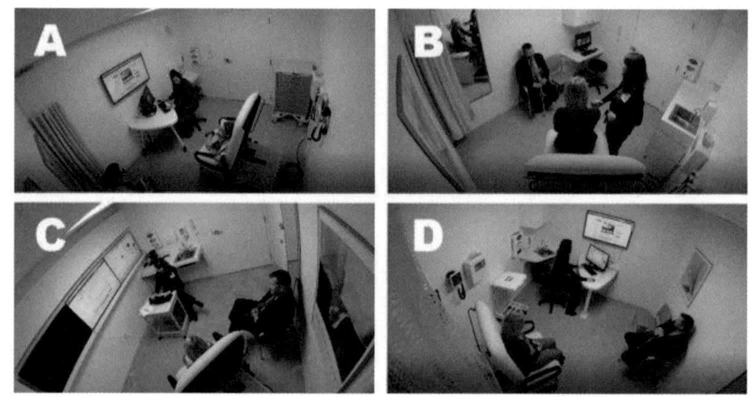

2018 HCD Expo&Conference 강의록(위), 혁신적 진료실 디자인 목업 사례들(아래)
(출처: 2018 HCD Expo&Conference 강의록)

그램이 바로 진료실의 혁신을 주제로 한 강의였다.

그런데 진료실의 혁신 사례는 첨단 기술에 관한 스토리가 아니었다. 기존 공간에서 진찰대, 모니터, 의자의 배치를 통해 환자 경험의 변화를 보여주는 것이 대부분이었다. 진료를 받는 동안 환자가 불안하지 않도록 환자와 의사의 위치와 동선을 연구한 것이다. 국내 병원 진료실과 가장 눈에 띄는 차이는 공간의 중심이 의사의 책상이 아니라 환자가 앉는 리클라이너 의자라는 점이다. 환자가 작은 회전의자에 앉아서 이리저리 몸을 움직이는 방식이 아니라

군산 휴내과의 환하게 열려 있는 대기실(위)과 동네 사랑방으로 바뀌는 저녁 세미나(아래)

의사가 움직이며 환자를 진료한다. 의사와 환자, 보호자가 함께 보는 모니터가 설치되어 있고, 보호자 좌석도 배치되어 있다.

혁신적 진료실은 과거보다 환자와 의사의 '눈 맞춤eye contact' 시간이 증가하도록 디자인된다. 또 다른 유형으로 T자형 진료실이 있다. 지금은 꽤 알려진 진료실 디자인으로 한 명의 의사가 서로 연결된 두 개의 진료실을 오가며 환자를 진료하는 시스템이다. 연결 통로는 의료진만을 위한 공간으로서 화장실 등이 설치되어 있다. 밖에서 오래 대기하는 환자들의 지루하고 조급한 마음을 헤아리는 동시에 온종일 좁은 진료실에서 일하는 의사들이 환경을 바꿔가며 일할 수 있도록 배려한 일거양득의 디자인이다.

이들 디자인을 혁신이라고 하는 까닭은 첨단 기술의 활용이나 병원 경영의 효율성을 높여주는 아이디어여서가 아니다. 공간을 새로운 방식으로 배치하는 것만으로도 환자가 심리적으로 더 편안해지고 의사는 그런 환자와 더 수월하게 소통할 수 있다는 걸 증명해냈기 때문이다.

성당의 고해성사실과 같은 '소통의 진료실'을 요구했던 군산 휴내과 원장은 진료실 밖 대기실에 대해서도 좀 더 혁신적인 도전을 감행했다. 병원을 주민들이 마실 오는 동네 사랑방으로 만들어달라고 했다. 진료시간 이후 병원 대기실을 주민들과 공유하겠다는 의뢰인의 의견을 반영해 리모델링을 진행했다. 먼저 벽면의 창을 최대한 크게 냈다. 햇빛을 실내로 가득 들여와 자연의 에너지를 불어넣기 위함이었다. 정서적 편안함을 느낄 수 있도록 공간 전체에 부드러운 곡선과 다채로운 색감을 적용했다. 벽면 TV를 향해 일렬로 고정된 의자들은 모두 이동형 의자로 교체했다. 대기실의 환자든, 사랑방의 주민이든 자유롭게 의자를 옮겨 편한 위치에서 대화를 나눌 수 있도록 한 것이다.

병원이 동네 주민들의 휴식 공간이 되길 원했던 원장의 바람은 이뤄졌을까? 리모델링 후 주민들은 정말로 병원 공간을 즐기기 시작했다. 마을에 이슈가 발생하면 이곳에 모여 회의를 하고 청소년들이 독서 모임을 열기도 한다. 주민들에게 병원은 아플 때 오는 곳이 아니라 언제든 들러 대화하고 쉴 수 있는 편안한 장소가 되었다. 몸이 아파 병원을 찾을 때조차 사람들은 긴장하거나 불안해하지 않는다. 코로나19의 영향으로 사람들이 모여 소통하는 공간에 대한 요구들이 한동안 위축되는 분위기가 형성되었다. 많은 병원이 닫힌 공간으로 변했다. 하지만 병원은 사람과 사람이 만나는 공간이며 그 안에서 치유의 힘이 생겨난다고 믿는 의사들의 열망이 다시 타올라 의료 현장의 작은 실험들이 지속될 것이라 믿는다.

5.
환자는 값비싼 크리스털을 기억하지 않는다

'호텔 같은 병원'은 환자의 정서를 배려하는 것이다

호텔 선택에서 환경적 요소는 큰 영향을 미친다. 호텔 하면 자연스럽게 떠오르는 이미지는 으리으리한 건물, 넓은 로비, 반짝이는 크리스털 샹들리에, 대리석 바닥과 고급 가구, 푹신한 침구, 멋진 수영장 등이다. 고급 인테리어와 시설을 갖춘 공간이 호텔이다. 그런데 최고급 호텔의 명성을 결정하는 요소는 화려한 인테리어만이 아니다. 접객 서비스의 질이 중요하게 작용한다. '호텔 같은 병원'도 마찬가지다. 호텔의 고객 중심 서비스처럼 환자 중심 의료 서비스를 병원이 제공한다는 의미를 담은 표현이다. 그런데 간혹 '호텔 같은 병원'의 진짜 의미를 망각하는 일들이 현장에서 발생한다.

모든 진료과목은 저마다 다른 특성의 공간을 필요로 한다. 기능적 요소는 물론이고 사용자 정서를 배려하는 포인트도 다르다. 가령 암병원의 경우 특히 세심하게 환자의 마음을 살피려고 노력한

호텔 그 이상을 넘어선 고급화 병원의 예시

다. 요새는 "암이 병이냐"라는 말도 있지만 여전히 암은 의사들에게는 까다롭고 환자들에게는 두려운 질병이다. 창백한 혈색, 쇠약해진 체력, 달라진 외모는 심리적 부담을 가중시키고, 병이 중할수록 되도록 사람들의 눈에 띄고 싶지 않은 심리가 작동한다. 이런 이유로 암병원 디자인을 할 때면 특히 환자 동선을 세심하게 설계한다. 대기실과 진료실, 치료실로 이어지는 동선은 최대한 짧고 머무는 공간은 최대한 편안해야 한다.

그런데 이런 디자인 원칙을 알면서도 충분히 적용하지 못한 현장이 있었다. 이미 도면이 확정되어 진행 중인 프로젝트에 늦게 참여하게 된 탓이다. 동선 설계는 이미 완료되었다. 내게 요청된 역할은 인테리어 디자인 부분이었다. 그런데 첫 회의에서부터 난관에 부딪혔다. 색채, 마감재, 가구 선택에서 무조건 '고품격 이미지'를 강조하는 요구가 있었기 때문이다. 특히 최종 의사결정에 강력한 영향을 미치는 전문가는 유독 고급 브랜드를 고집했다. 해당 브랜드의 가구는 나무랄 데 없이 아름다웠다. 만약 고급 호텔의 로비였다면 중후한 분위기의 어두운 가구는 탁월한 선택일 수도 있다.

하지만 암 환자를 위한 공간에는 부적절하다. 심리적으로 우울하고 불안하고 심지어 공포감을 느끼고 있을 환자들에게는 밝고 따뜻하고 부드러운 분위기의 공간이 필요하다. 환자에게 어떤 인테리어가 필요한지 잘 알기에 나 역시 고집을 꺾을 생각이 없었다. 회의 전에 생각이 같은 참석자들을 파악한 후 과감하게 반란을 주도했고 결국 관철시켰다. 비록 가구의 색상일 뿐이지만 환자의 마음을 배려하는 공간에 더 가까워진 건 분명했다.

병원의 어원은 호스피탈리타스로 호텔과 같다

영어로 호텔hotel과 병원hospital은 둘 다 라틴어 호스피탈리타스hospitalitas에 뿌리를 두고 있다. 호스피탈리타스는 '손님을 극진히 모신다.'라는 뜻을 담고 있다. 세월이 지나며 호텔과 병원은 서로 다른 길을 걸었지만, 궁극적으로 집을 떠나 머무는 사람들의 마음을 살피는 공간이라는 점은 같다. 병원은 치료만 잘하면 된다는 말도 틀린 얘기는 아니다. 하지만 창, 조명, 색채, 향 등 공간 환경이 환자의 치유에 직접 영향을 미친다는 사실은 이미 과학적으로 입증되었다. 환자 경험 관리는 치료의 중요한 일부다.

네덜란드의 알렉산더 먼로 유방암 클리닉Alexander Monro Breast Cancer Clinic은 북유럽의 대표적인 특급 호텔 같은 병원이다. 강인한 여성을 대변하는 영국의 동물학자이자 환경보호 운동가로 유명한 제인 구달을 비롯하여 퀴리 부인, 프리다 칼로 등을 묘사한 그래픽을 벽에 장식했다.

최고급 부티크 호텔이 부럽지 않은 인테리어가 눈을 사로잡는다. 환자가 머무는 모든 공간은 세련되면서도 부드러운 분위기다. 기능적으로 뛰어나고 보기에도 아름다운 가구들은 이탈리아의 B&B, 스페인의 산칼Sancal 등 유명 디자이너가 만든 것이다. 병원에는 고급 레스토랑이 부럽지 않은 식당과 모던한 분위기의 바도 있다.

이곳의 디자인은 내과 의사 얀 반 부훔Jan van Boegom의 아이디어로 시작되었다. 그는 유방암 환자들이 무슨 생각을 하고 어떤 부분을 중요하게 생각하는지 파악하기 위해 약 250명의 환자들과 인터뷰를 진행했다. 모든 암 환자가 불안과 두려움을 느끼지만, 유방암 환자의 경우 여성의 상징과도 같은 가슴을 잃을 수 있다는 공포와 상실감이 더해진다.

알렉산더 먼로 유방암 클리닉의 서비스는 병원 입구에 도착하면서 시작된다. 환자는 접수창구의 번호표를 뽑고 대기할 필요가 없다. 별도의 접수 과정 없이 직원의 안내에 따라 중앙 대기실로 이동할 수 있다. 환자는 따뜻하고 안락한 분위기의 대기실에서 차를 마시며 의사와 만남을 준비한다. 유방암 환자의 심리와 정서를 고

알렉산더 먼로 유방암 클리닉 진찰실 (출처: afprofilters.com[1])

려한 섬세하고 따뜻한 서비스와 공간 디자인이 어우러진다. 대기실, 진료실, 치료실, 입원실 등 환자가 머무는 공간의 위치, 조명, 색채, 그림, 향 하나까지 편안하고 아름답지 않은 것이 없다. 이곳은 해마다 환자들을 대상으로 실시하는 병원 평가에서 9점 이상을 받는다고 한다.

해외의 멋진 사례를 이야기하면 대부분 '우리 현실과는 맞지 않는다.'라거나 '경제적 부담이 크다.'라는 반응이다. 맞는 말이다. 하지만 호텔 같은 병원이 반드시 고급스럽고 트렌디하고 완벽한 의료 서비스 시스템을 갖춘 병원이어야 한다고 생각하지는 않는다.

그런 의미로 볼 때 2017년 문을 연 인천세종병원은 그 이전 국내 병원들에서 흔히 볼 수 없었던 아름다운 로비 풍경을 자아내어

인천서울병원 로비 전경과 (출처: 인천세종병원, 김창균) 이대서울병원 힐링가든 (출처: 이대서울병원)

병원을 방문한 사람들에게 신선한 감동을 주고 있다. 로비는 투명하게 개방된 아트리움을 통해 열린 공간을 제공하고 있으며 주변에 인접한 공원의 외부 환경을 내부에 적극적으로 끌어들여 더욱 친환경적인 공간으로 어우르게 했다. 높은 천정의 아름다운 샹들리에는 물론, 로비 곳곳에서 예술작품을 감상할 수 있게 한 점도 눈에 띈다. 또한 병원 설계 전부터 건축가, 의료진, 실무진 모두가 합심하여 의료 복합체로서의 전문병원을 실현하기 위해 노력했다. 특히 병원의 아이덴티티를 살리기 위해 로비의 아트리움에서 시작되는 주 동선의 설계에 대해 많은 공을 기울인 것이다. 이로써 인천세종병원은 병원 본연의 기능을 넘어 지역과 개인, 도시와 자연, 커뮤니티와 웰니스가 복합적으로 융화된 지역 의료 및 문화의 거점이 될 수 있도록 장을 연 모범적 사례라고 할 수 있다.

환자들이 아파서 진료를 보러 병원에 오기도 하지만 진료 외에 아트 작품들을 구경하러 올 수 있는 병원, 그리고 잘 늙어갈 수 있도록 도움을 받는 병원, 그러면서 음악회도 즐기는 병원도 있다. 말 그대로 병원이 '사람 사는' 공간이 되어야 하지 않을까 생각한다고 이대서울병원 임수미 병원장님이 인터뷰 때 언급하셨던 말이 떠오른다. 병원이 '사람 사는' 공간이 될 수 있게끔 병원 디자인의 비전을 보여주기도 했다.

병원은 애초에 머무는 이를 정성껏 보살피는 마음으로 시작된 장소다. 최고급 인테리어의 호텔에 있다고 모두가 마음이 편한 것은 아닌 것처럼 병원도 마찬가지다. 화려한 크리스털의 샹들리에는 중요하지 않다. 호텔 같은 병원은 환자가 머물기 좋은 병원이다. 마음이 편안하면 몸도 건강해진다. 환자의 마음을 헤아리는 배려의 공간이라면 호텔보다 나은 병원이라고 말하지 못할 이유가 없다.

6.
사용자 누구도 소외되지 않는 공간을 꿈꾼다

모두를 위한 해법은 쉽지 않다

'진료 대기 중인 암 환자들이 햇빛을 가득 받을 수 있다면 얼마나 좋을까!'

햇빛의 치유 효과를 증명하는 연구 결과는 많다. 꼭 암 환자뿐만 아니라 햇빛은 모든 생명의 원천이자 치유의 에너지다. 2014년도에 강북삼성병원 소화기암센터 디자인을 진행했을 때 평소 꼭 해보고 싶었던 '빛이 가득한 대기실'의 아이디어를 적용하기로 했다.

소화기암센터 디자인은 간, 담, 췌장, 위, 대장 등 세분화된 진료과를 하나의 공간에 모으는 프로젝트였다. 과별 의료진과 센터 직원들이 디자인 회의에 참여했고 환자와 보호자 의견도 충분히 반영했다. 45일 동안 무려 20회가 넘는 미팅을 진행할 정도로 협의가 쉽지 않았다.

특히 당시에는 창가 쪽으로 진찰실을 배치하고 대기 공간은 중

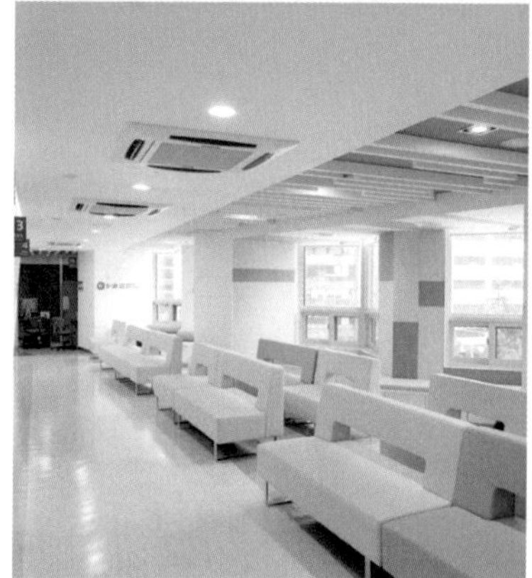

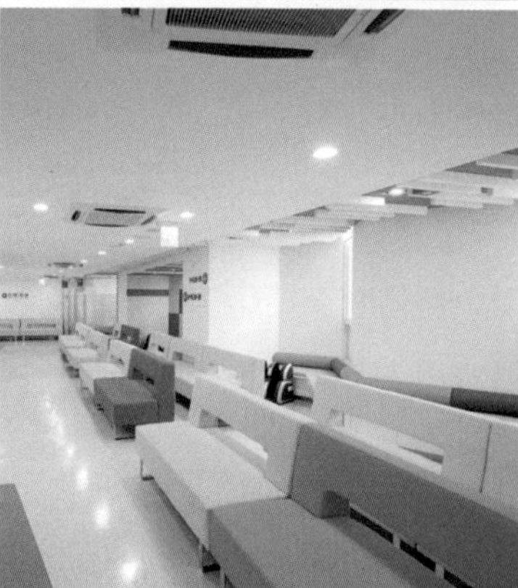

강북삼성병원 소화기암센터 대기실(위)과 창가 좌석(아래)

앙에 두는 디자인이 일반적이어서 창가 쪽을 비워 대기 의자를 배치한다는 생각이 모두에겐 생소했다. 하지만 '환자 중심 설계'라는 분명한 목표에 따라 암센터가 만들어졌고 결과적으로 모두가 만족하는 결과를 얻을 수 있었다. 사용자들은 자연채광이 살려낸 대기실에서 날씨에 따라 다른 분위기와 아늑함과 편안함을 느낀다는 긍정적인 평가를 내렸다.

직원들도 창밖으로 하늘과 나무와 지나가는 사람들을 볼 수 있어 진료가 없는 점심시간에 햇빛이 가득 들어오는 대기실을 휴게 공간으로 이용했다. 대기실이 사람들이 모이는 밝고 편안하고 에너지 가득한 공간이 될 수 있었던 것은 의료진이 창가 자리를 환자들에게 기꺼이 양보했기 때문이다. 결국 이 프로젝트는 관행을 탈피한 진정한 환자 중심 공간 디자인 사례로서 헬스케어 건축 분야에서 주목을 받았고 칼럼을 통해 소개됐다.

그런데 공사가 끝나고 몇 달 후 소화기암센터를 방문했을 때 이전에는 세심히 주의를 기울이지 못했던 이야기가 들려왔다. 환자들을 위해 창가 자리를 내어준 의료진이 막상 창이 사라진 공간에서 온종일 일하고 보니 답답함을 느끼게 되어 불만족스러워한다는 의견이었다. 의료진의 공간을 배려하여 좀 더 디테일하게 설계했어야 했다. 사용자 중심 디자인이라는 말조차 생소했던 당시 공간을 이해하는 관점의 균형이 얼마나 중요한지 깨달은 사건이었다.

그 후 10년이 지난 요 근래에는 창이 없더라도 쾌적한 진료 환경을 위한 시설을 갖춘 병원들이 늘어나고 있다. 이를 볼 때 공간 디자인은 시행착오의 결과로 발전되고 있으며 동선은 어느 한편에 치우치지 않도록 모두에게 공평하게 설계되어야 함을 인식하게 된다. 사실 공사 현장에서 이와 비슷한 일들은 흔하게 발생한다. 특히 병원처럼 다양한 사용자층이 있고 우선순위가 뚜렷한 사용자가 존재하는 공간일수록 모두를 위한 해법이 쉽지 않다.

고객과 직원 사이에서 균형을 추구한다

이후 그 병원의 대기실 환경 개선 프로젝트에서도 같은 문제와 맞닥뜨렸다. 병원 원무과팀에서는 고객 증가에 대응해 로비 쪽 상담 데스크를 2개 더 늘리길 원했다. 그러나 데스크존은 로비 안쪽 면적에 딱 맞춰 짜 넣은 구조여서 데스크를 2개 더 배치할 공간의 여유가 전혀 없었다. 그렇다고 데스크존을 로비 앞쪽으로 이동해 필요한 만큼 공간을 확보할 수도 없었다. 로비도 이미 포화 상태였기 때문이다.

복잡한 마음으로 일단 데스크존 직원들과 대화를 나눴다. 그런데 이 과정에서 숨어 있던 또 다른 문제가 드러났다. 데스크 2개를 더 설치하는 것은 고사하고 기존 공간이 턱없이 좁아 직원들의 고통이 한계에 도달한 상황이었다. 센터는 그동안 고객이 늘어 공간이 부족할 때마다 데스크존을 줄이는 방식으로 문제를 해결했다. 그러다 공간을 더 줄일 수 없는 단계에 이르자 마지막 수단으로 데스크 폭을 줄여버린 것이다. 그 바람에 직원들은 앉아 있을 때 책상 아래로 무릎을 펴기 힘들 정도의 협소한 공간에서 온종일 근무하고 있었다. 왜 불편을 호소하지 않았을까? 그들은 데스크존을 넓히기 위해 고객의 공간을 줄여달라고 요구할 수는 없다고 했다. 언제나 고객 중심 서비스가 강조되는 일터가 아닌가.

결국 숙제 하나가 더 늘어나 버렸다. 데스크 2개 자리를 더 확보하는 동시에 데스크 폭도 늘려야 했기 때문이다. 수차례 회의를 하고 새로운 아이디어들을 조합한 끝에 마술과 같은 묘수를 찾았다.

사용자의 니즈를 반영하기 전후의 대기실 평면도와 리모델링한 모습

기존의 일자로 쭉 연결된 데스크를 사선으로 틀어서 재배열한 것이다. 이렇게 하면 공간을 더 넓히지 않고도 데스크 2개를 더 설치할 수 있을 뿐만 아니라 데스크의 폭도 넓힐 수 있다. 데스크 옆에는 파티션을 설치해 직원은 물론 상담받는 고객도 안정감을 느낄

수 있도록 했다. 로비의 부족한 고객 공간은 동선 재구성으로 해결했다. 이동의 흐름을 빠르게 조정해 고객이 한 공간에 오래 머물지 않도록 하고 좌석 배치를 바꿔서 혼잡도를 낮췄다.

리모델링 후 "다리를 펴고 일할 수 있어서 기쁘다."라며 환하게 웃는 직원들의 인사는 최고의 칭찬이었다. 그중 가장 인상 깊었던 반응은 "상담하면서 예전보다 고객의 이야기를 더 깊게 들을 수 있게 되었다."라는 말이었다. 직원이 마음을 다해 경청하는 상담에 만족하지 않을 고객은 없다. 데스크의 폭과 배치의 변화는 직원들의 공간 경험을 바꿨고, 이는 곧 더 나은 의료 서비스로 나타났다.

햇빛 가득한 창가 자리에 암 환자를 위한 대기 좌석을 놓을 때 동시에 창이 사라지게 되는 누군가의 공간을 생각해야 한다. 고객 중심 공간과 서비스 개선을 고민할 때 내부 구성원의 공간 경험과 근무 환경도 함께 고려해야 한다. 다양한 목적을 가진 사람들이 존재하는 복합 공간에서 모두가 만족하는 공간의 설계는 사실 가능하지 않다. 사용자 중심 디자인은 완벽한 공간을 창조하기 위한 과정이 아니다. 사용자 누구도 소외되지 않고 그들의 불편을 넘어 일의 효율을 꿈꿀 수 있는 균형을 추구하는 배려의 해법이다.

7.
병원에 최고의 환자 경험을 담다

병원 건축에서 '환자 중심 디자인' 철학은 경전과도 같다. 세계 의료 건축계는 일찌감치 환자 중심 디자인을 적용해왔다. 우리나라는 2017년 환자경험평가제 도입과 함께 병원 현장에서 본격적으로 환자 경험의 중요성과 환자 중심 디자인 개념이 널리 확산되고 있다.

그런데 현장에서 환자는 병원의 다양한 사용자 중 한 그룹인 동시에 가장 중요한 사용자다. 환자 중심 공간이란 환자 경험의 질을 높이는 진료 환경을 의미한다. 여기에는 환자 외에도 병원에서 온종일 머무는 다양한 사용자들의 공간 경험도 포함된다. 의료진이 만족하는 공간 환경에서 진료의 질이 높아지고 직원들이 만족하는 공간 환경에서 환자는 더 나은 서비스를 경험하게 된다. 따라서 환자 중심 공간을 디자인하려면 반드시 사용자 경험의 관점으로 공간의 문제를 풀어가야 한다.

웹진 「매거진HD」 커버 디자인

2019년부터 의료 공간에 관한 전문 웹진 「헬스케어 디자인 매거진」을 발행하게 된 이유는 환자 중심 디자인과 미래 병원의 비전을 이야기하는 공론의 장이 필요하다는 생각에서였다. 건축, 인테리어, 헬스케어 분야의 전문가들이 매거진을 통해 서로 생각을 공유하게 만듦으로써 의료 건축 분야의 방향과 속도에 긍정적 힘을 보태고 싶은 마음이 컸다. 본업 외에 일을 벌인 탓에 시간을 늘 빠듯하게 사용해야 했다. 하지만 이를 통해 환자 중심 공간과 의료 서비스를 고민하고 선도적으로 혁신을 꾀하는 일선의 병원장들에게서 현장의 이야기를 듣고 통찰을 얻는 즐거움이 생겼다.

서울나우병원은 환자의 마음을 읽은 공간 디자인을 구현했다

평촌의 정형외과 전문 병원 서울나우병원도 그중 하나다. 의료 공간 디자인의 직접적인 실무로 내공이 다져진 홍익대학교 건축학부 정재희 교수님, 건축팀, 그리고 오랜 시간 꿈꿔온 병원에 대한 구체적인 니즈가 많았던 의료진의 합작인 서울나우병원은 사용자 중심 디자인이 잘 구현된 공간이다. 환자와 의료진은 물론이고 방문객의 마음까지 배려한 설계가 돋보인다.

1층 로비에는 작은 도서관, 역사관, 그리고 병원이 제작한 질환별 운동법과 건강관리법을 담은 스마트 태블릿, 외래 환자와 방문객이 스스로 근력량을 알아보는 셀프 체크존 등이 마련되어 있다. 어느 빌딩이나 로비는 누군가를 기다리거나 차례를 대기하는 게 전부인 지루한 공간이다. 하지만 이곳 로비에 머무는 사람은 환자든 보호자든 혹은 그저 잠시 들른 방문객이든 각자의 방식대로 시간을 보낼 수 있다.

사용자에 대한 배려 차원에서 병원들이 다양한 공간을 만들다

병실과 식당, 운동치료실, 수술실, 엘리베이터까지 환자의 마음이 읽히는 공간들 사이에서 의료진과 직원들을 배려한 특별한 공간들이 눈에 띈다. 가령 의료진이 수술 전 긴장을 풀고자 할 때 이용할 수 있도록 수술실 바로 옆에 의국을 배치해서 환자들과 동선이 전혀 겹치지 않도록 배려했다. 휴게실은 직원 누구나 하루 중 잠시 잠을 잘 수 있는 공간으로 만들어졌다. 외부 테라스와 연결된 회의실은 처음부터 직원들이 음악을 듣거나 책을 읽는 등 쉴 수 있는 공간으로도 활용하도록 설계되었다. 그만큼 최상의 환자 경험

서울나우병원 로비

을 제공하기 위해 사용자 모두의 공간 경험을 고민한 흔적으로 가득했다.

서울의 암 전문 병원인 염창환병원은 '병원과 의료의 중심에 늘 환자가 있어야 한다.'라는 병원장의 원칙이 잘 반영된 공간 디자인이 인상적이다. 국내 최초 완화의학 교수인 염창환 원장은 병원을 건축하기에 앞서 세계 의료 공간 혁신의 성지인 미국 메이요 클리닉Mayo Clinic에 직원 4명을 파견해 견학하도록 했다.

염창환병원의 모든 공간은 환자를 존중한다. 로비 분위기는 편안하며 밝고 활기차다. 이곳에서 환자들은 바리스타가 내려주는 맛있는 커피를 즐긴다. 외래 대기실에는 1인 좌석을 놓았는데 자연스럽게 서로 눈이 마주치지 않는 배치에서 환자를 대하는 마음이 느껴진다. 환자를 위한 배려의 정점은 1인 주사실이다. 한 시간 이상 주사를 맞아야 하는 암 환자의 특수 상황을 고려해 주사실은 모두 1인실로 설계되었다. 그런데 이 병원은 환자뿐만 아니라 직원을 위한 섬세한 배려도 잊지 않았다. 가령 병원에는 직원을 위한 세탁실이 있다. 대부분 병원은 스태프 가운을 외주 세탁업체에 맡기거나 각자 집으로 가져가 세탁하도록 한다. 하지만 이곳 의료진과 직원들은 병원 내 세탁실을 이용한다. 화학 처리 없는 세탁 방식이라서 암 환자에게 부정적인 영향을 주지 않고 구성원들도 수고를 덜 수 있어 호평을 받는다. 또 병동이나 외래 곳곳에 의료진 전용 화장실과 휴게실이 있고 직원들을 위한 무료 카페도 운영한다. 바리스타, 영양사, 조리사 등도 모두 직접 고용으로 근무 만족도를 높였다. 병원은 직원들의 행복도가 높아지면서 서비스 질이 꾸준히 유지되고 환자들의 만족도도 함께 높아지는 것을 현장에서 확인했다.

한번은 모 병원의 원장으로부터 청소근로자들이 머무는 휴게실에 대한 특별한 디자인을 요청받은 적이 있다. 청소근로자들의 휴

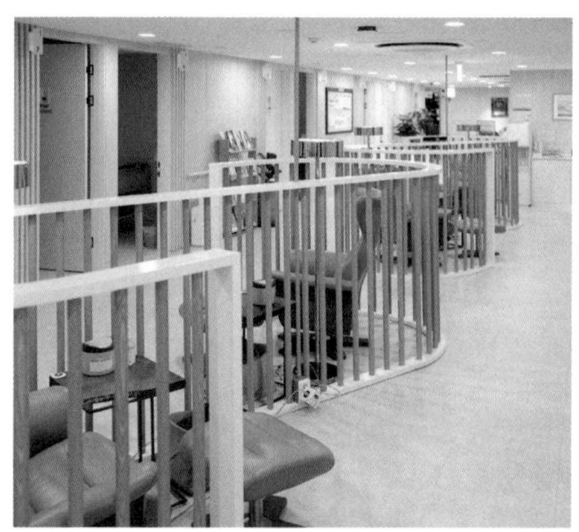

염창환병원. 환자를 배려한 1인 주사실과 직원들을 위한 세탁실 공간

게실은 여느 병원들처럼 지하에 있는 크지 않은 공간이었다. 솔직히 외부 용역근로자를 위한 휴게실 디자인을 의논한 의뢰인은 처음이었다. 원장은 이들이 쉬는 동안 발 마사지를 할 수 있도록 기계를 들여놓을 계획이라고 했다. 청소근로자들은 평균 연령이 높은 편이니 최대한 편안한 상태에서 육체적 긴장을 풀 수 있어야 한다고도 했다. 그때의 기억이 오래 남아 있는 이유는 설명하는 내내 행복한 미소를 짓던 원장의 얼굴 때문이다. 당시 나는 그 병원이 좋은 일터일 뿐만 아니라 무엇보다 환자들의 만족도 역시 높을 것이라고 확신했다.

공간 디자인은 단지 각각의 공간을 어떤 목적으로 어느 위치에 배치할 것인가를 결정하는 일이 아니다. 공간 안에서 사용자들은 끊임없이 상호 영향을 주고받고 이런 보이지 않는 관계와 감정들이 공간 경험과 삶의 질을 결정한다. 공간 디자인은 공간이 아니라 삶을 디자인하는 것이라는 말에 나는 동의한다. 특히 '치료와 회복'을 목적으로 하는 병원은 머무는 사용자들 모두의 감정까지 세심하게 읽고 디자인에 반영함으로써 진정한 치유 공간이 될 수 있다.

8.
사람의 마음을 읽으면 디자인이 달라진다

커뮤니티 센터를 모두를 위한 공간으로 만들다

흔히 헬스케어 공간 디자인이라고 하면 병원 공간에 국한된 디자인으로 생각하는 경향이 있다. 하지만 헬스케어 공간 디자인과 일반 공간 디자인의 근본은 다르지 않다. 다만 헬스케어 공간 디자인은 사용자의 건강과 회복에 좀 더 집중한다는 차이가 있을 뿐이고 사용자 중심의 디자인 원칙은 같다.

병원 디자인 전문가로 활동하면서 기회가 닿을 때마다 다양한 공간 프로젝트에 적극적으로 참여한다. 공간이라는 대상과 사용자라는 주체를 좀 더 깊게 이해하게 되는 소중한 경험을 할 수 있기 때문이다. 2017년 인천 남구 도화동 모 아파트의 '동아둥아 커뮤니티센터' 리모델링도 그중 하나다. 한국여성건축가협회 노인분과 위원회 일원으로 활동하는 중에 박혜선 인하공업전문대학 건축학과 교수님의 특별한 프로젝트에 참여할 기회가 있었다.

아파트 주민 참여 코크리에이션 워크숍 진행 모습

당시 아파트 단지에는 오랫동안 사용하지 않아서 방치된 공용공간이 있었다. 이곳을 주민들을 위한 공간으로 다시 살려내는 프로젝트였다. 처음에 미추홀구 마을 협력센터 유진수 팀장은 주민들의 생각을 반영하는 공간을 만들기 위해 교수님께 자문을 구하면서 아파트 주민과의 만남이 시작되었다. 그 과정에 있어 우리 팀은 현장에서 커뮤니티 공간 사용자인 주민들이 직접 공간을 바꾸는 과정에 참여할 수 있도록 워크숍을 진행한 것이다. 처음엔 소극적이었던 주민들은 워크숍을 통해 공간에 대한 구체적인 니즈를 정리하기 시작했다. 특히 직접 공간 도면을 그리는 시간을 마련했을 때 반응은 폭발적이었다. 이렇게 직접 디자인 과정에 주민들이 참여하는 것은 커뮤니티 센터의 디자인 과정에 있어 시초가 되었고 '소나기' 라는 이름의 공동체 조직도 생겨났으며 이후로 무엇보다 커뮤니티센터에 대한 관심도 뜨거워졌다.

워크숍을 통해 정리된 주민들의 요구는 다양했다. 새로운 친구를 만나는 공간, 또래들과 차를 마시며 수다를 떠는 공간, 육아와

공간개선 전 모습과 공사 진행과정 및 공간개선 후 전경사진

교육에 관한 정보를 공유하는 공간, 아이들과 함께 책을 읽는 공간, 바둑과 장기를 둘 수 있는 공간, 퇴근 후 주민들과 대화를 나누는 공간, 다양한 강좌를 열 수 있는 공간 등 커뮤니티센터를 어떤 모습으로 꾸밀지에 대한 다양한 의견들이 제시되었다. 주민들의 니즈를 종합하고 정리한 후 완성된 디자인 콘셉트는 '마을 북카페'였다. 따뜻한 분위기를 위해 목재로 제작한 붙박이 책장과 테이블 의자 등을 배치했다. 특히 햇빛이 가득 들어오는 통유리 창문 근처에 주민들이 직접 제작한 붙박이 책장과 테이블 의자 등을 두었다. 그 맞은편으로는 아일랜드 스타일의 오픈 주방을 만들었다. 커다란 아일랜드 테이블은 사람들을 모으고 자연스럽게 소통을 돕는 역할을 한다. 또 창문 너머 공간에는 나무로 만든 작은 무대도 설

치했다. 다양한 외부 활동을 지원하기 위한 시설이다.

3개월에 걸쳐 완성된 새로운 커뮤니티센터에 주민들은 무척 만족했다. 무엇보다 직접 디자인 과정에 참여했다는 사실에 큰 보람을 느꼈다. 그리고 누구도 예상치 못한 뜻밖의 결정을 내렸다. 커뮤니티센터를 아파트 주민뿐만 아니라 인접한 도화 2, 3동 주민 모두에게 개방한 것이다. 봄이면 벼룩시장을 열고 여름에는 미니 풀장을 설치해 단체 물놀이 파티를 개최한다. 또 지역문화센터에서 각종 지도자 과정을 수료한 주민들이 직접 강사로 참여하는 다양한 강의도 개설된다. 주민들이 직접 기획하는 다채로운 공동체 프로그램에는 아파트 비입주민들도 격의 없이 참여할 수 있다. 커뮤니티센터의 변화는 아파트 공동체의 모습을 바꿨다. 당시 많은 언론을 통해 성공적인 지역 공동체 활성화 사례로 소개되었다. 리모델링 프로젝트에 참여한 우리 모두 가슴 따뜻한 자부심을 느꼈다.

아파트 커뮤니티센터는 원래 아파트 주민들을 위해 만든 공간이다. 최근에는 도서관, 키즈카페, 헬스장, 실내골프장, 수영장 등 다목적 시설을 갖추고 있다. 그런데 주민의 친목과 교류를 위한 활동이 활발하지는 않다. 커뮤니티센터 시설은 고급화하고 있으나 아파트 주민들은 과거보다 더 폐쇄적으로 생활한다.

동아둥아 커뮤니티센터와 다른 고급 커뮤니티센터들은 모두 입주자의 요구를 반영해 디자인되었다. 그런데 시간이 흐르면서 커뮤니티센터다운 공간으로 제 역할을 하는 곳은 동아둥아뿐이다. 그만큼 공간은 빈 상태로 만들어지며 오랜 시간에 걸쳐 이용하는 사람들에 의해 비로소 완성된다.

동네 공동체를 만드는 열린 아파트를 설계하다

2020년 일본의 건축가 야마모토 리켄이 파주의 집합주택 월든 힐스 주민들의 초청을 받아 한국을 방문했다. 2009년 입주를 시작한 주민들이 10주년을 기념해 감사의 의미로 건축가를 초대한 것이다. 야마모토 리켄이 설계한 일본식 2단지 타운하우스가 세워진 것은 이 건축가가 건축계의 노벨상 격인 프리츠커 상을 수상하기 십수 년 전의 일이다. 이 타운하우스는 LH(한국토지주택공사)가 추진한 주택사업의 일환으로 미국식 주택과 북유럽 주택과 함께 세워졌다. 그런데 완공 당시 다른 단지들의 인기에 비해 2단지는 거의 미분양되어 꽤 강한 비판을 받았고 분양에 매우 큰 어려움을 겪었다. 도대체 10년 동안 이곳은 어떤 변화를 겪은 걸까?

야마모토 리켄은 더불어 사는 '동네 공동체'를 주창하는 건축가다. 판교의 월든힐스는 가구별로 단절된 형태의 아파트 방식이 아니라 여러 가구가 공용 데크로 연결되는 열린 구조다. 그런데 공용 데크로 연결된 각 세대의 2층 현관홀이 밖에서 훤히 보이는 유리로 되어 있다. 아직 커뮤니티나 셰어의 개념이 자리 잡히지 않았던 10여 년 전에 이런 집의 구조는 자연스럽게 사생활 침해에 대한 우려가 컸던 것이다. 그런데 막상 입주가 서서히 이뤄지고 난 후 열린 구조에 대한 거부감이 적지 않았던 주민들이 서로 어울리기 시작하면서 이곳을 닫힌 공간으로 가구별 영역으로 구분하기보다

입주 당시쯤 필자도 리모델링을 의뢰한 고객이 있어서 현장을 둘러보았다. 다른 단지 주택은 입주가 완료되어 있었으나 2단지에는 단 두 집만 입주된 상태로 빈 집들이 많았다.

는 나름 아이디어를 내어 각자 라이프스타일에 맞는 공간으로 변화시켰다. 개중에는 서로 마주 보는 두 가구가 테라스 공간을 합쳐서 공동의 파티 공간으로 꾸민 곳도 있다고 한다.

지난 10년 동안 판교 하우징은 주민들의 자발적인 아이디어가 보태져 진짜 '동네 공동체'로 성장했다. 주민들이 직접 건축가를 초

대해 파티를 열었을 정도로 공간 만족도가 높다. 야마모토 리켄은 이웃과 접촉을 늘리는 디자인을 통해 동네 공동체를 의도했다. 이곳에 사는 주민들은 10여 년 동안 공동체를 완성했다.

이곳이 처음 분양되었을 때 한 부부가 내게 리모델링을 의뢰했다. 당시만 해도 분양률이 저조해서 이웃이 거의 없고 세를 놓아도 오는 이가 없는 상황이라 울며 겨자 먹기로 이 집의 구조를 자신들의 라이프스타일에 맞춰 일부 변경하기 위해 설계 변경을 의뢰했던 것이다. 그렇게 10여 년이 지난 지금 이런 기사를 접하면서 당시의 상황이 떠올랐다. 그때와는 전혀 다르게 하나둘 입주하기 시작한 주민들이 저마다의 손길로 자신의 집을 다듬으며 자리를 잡는 동안 이렇게 변화할 동네의 분위기를 예측할 수 있었을까?

결국 또다시 공감하게 된다. 공간은 삶의 배경으로 존재하는 것이 아니라 사람과 서로 영향을 주고받으며 지속적으로 변화한다. 심지어 인적이 드문 곳에 물건만 잔뜩 쌓아 놓은 텅빈 공간도 그 안에 삶의 스토리가 쌓이면 소중한 장소가 되고 의미 있는 공간이 된다. 내가 디자인에 앞서 사용자들의 이야기를 충분히 듣고 유별날 정도로 많은 시간을 들여 조사 활동을 하는 이유는 바로 이런 공간의 특성 때문이다. 공간의 가치는 물리적 형태가 아니라 공간이 공간답게 쓰이는 과정에서 축적되는 스토리로 결정된다. 제아무리 뛰어난 천재 디자이너라고 해도 공간을 혼자만의 상상력으로 만들 수 없는 이유다.

공간은 반드시 사용자의 눈과 마음으로 디자인되어야 한다. 이는 단지 사용자 요구를 경청한다고 해서 되는 일이 아니다. 공간의 사용자인 사람에게 깊이 있게 공감하려는 특별한 노력으로 가능하다. 공간을 만드는 건 건물주도 디자이너도 아니고 바로 사용자다.

• 2부 •

[공감 디자인]

사용자 경험 속에 공간의 본질이 있다

1.
공감의 디자인은 현장에서 시작된다

학교가 아닌 종합병원 현장에서 수업을 하다

종합병원 로비는 늘 사람으로 북적인다. 특히 원무 데스크 앞은 혼잡하기가 마치 명절을 앞둔 터미널 풍경과 다르지 않다. 좁은 의자에 빼곡하게 앉아 접수창구마다 걸린 번호판을 뚫어지게 바라보는 사람들의 표정은 잔뜩 굳어 있다. 그 주변으로 서성이는 사람들과 목적지를 향해 로비를 가로지르며 바쁘게 오가는 사람들은 어깨를 부딪히고 얼굴을 찌푸린다. 이 복잡한 공간에서 대학원 현장 수업을 진행한 지 벌써 수년째다. 인천가톨릭대학교 헬스케어환경디자인 대학원의 '환자 경험 공간 디자인' 수업을 맡은 이래로 학생들을 현장으로 불러내어 과제를 수행하게 하는 현장 수업은 한 번도 빼놓은 적이 없다. 가르치는 교수에게는 까다롭고 힘든 수업이지만 공간 디자인을 전공하는 학생들은 귀한 경험을 할 수 있다.

공간 디자인은 학부를 마친 후 현장에서 바로 디자이너로 활동하기가 쉽지 않다. 공간은 디자인 스킬과 반짝이는 아이디어만으로는 설계가 어렵다. 특히 목적이 다양한 사용자들이 함께 공간을 사용하는 종합병원의 리모델링은 오랜 경력의 디자이너들조차 어려움을 토로한다.

병원 디자인은 트렌드를 반영해 공간 구조와 마감재를 바꾸는 인테리어 개념과는 크게 다르다. 병원 디자인은 눈에 보이는 모든 환경에서 무형의 치유적 요소들을 고민하고 적용한다. 홍보용 사진에 쓰일 만한 화려하고 감각적인 인테리어보다는 눈에 보이지 않는 복잡한 고객 동선의 문제를 해결하는 것이 디자인의 역할이다. 환자가 병원에서 생각하고 느끼게 하는 오감의 자극들과 육체적 변화를 이해함으로써 회복과 치유의 환경을 조성하는 것이 병원 디자인의 목표다. 그래서 병원 디자인은 사용자의 마음과 경험을 이해하는 것이 전부라고 해도 과언이 아니다. 하지만 사람의 마음을 이해하는 건 무척 어렵다. 상대에게 '무엇을 원하시나요?'라는 질문만으로는 문제의 본질을 찾기 어렵고 적절한 디자인 솔루션을 제시할 수 없다. 어떻게 하면 사용자의 마음을 뚫고 들어갈 수 있을까? 해법은 단 하나, 바로 '공감'이다. 그리고 공감은 '현장'에서 시작된다.

굳이 복잡한 종합병원 현장에서 '환자 경험 공간 디자인' 수업을 진행하는 이유는 사용자 경험, 특히 환자 경험을 교실에서의 배움으로 공감할 수 없기 때문이다. 현장 수업은 환자와 같은 눈높이로 진료 환경을 보고 환자와 같은 마음으로 병원 공간을 경험하는 시

인천성모병원 대기실에서의 현장수업 당시 로비 모습

간이다.

현장 수업은 매주 3시간씩 진행된다. 제일 먼저 하는 일은 관찰이다. 보는 것과 관찰은 다르다. 로비의 천장 높이와 채광부터 곳곳의 사이니지와 사람들의 움직임을 살핀다. 관찰을 통해 학생들은 그동안 '보지 못했던 것들'을 보게 된다. 몇 시간 집중하는 것만으로도 학생들은 병원 대기실의 혼잡함이 단지 방문객이 많아서가 아니라는 사실을 알아냈다. 가령 원무 데스크 앞에 유독 많은 사람이 모이는 현상의 원인 중 하나로 안내 표지판의 문제를 찾아냈다. 눈에 잘 들어오지 않는 디자인과 설치된 위치가 적절하지 않기 때문에 방문객은 안내 직원을 찾아 직접 질문할 수밖에 없다.

학생들은 또 접수 순서를 알리는 전광판의 화면이 너무 빠르게 바뀌는 문제도 지적했다. 번호, 이름, 대기시간을 미처 확인하지 못한 사람들은 뒤늦게 창구에 줄을 서게 되고 번호표를 받았음에도 순서를 놓치지 않으려고 원무 데스크 앞에 모여들게 되는 것이다.

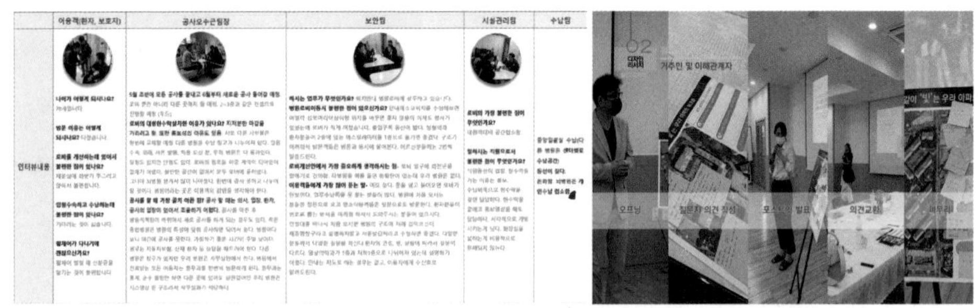

현장 수업을 통해 학생들은 다양한 이해관계자를 만나 인터뷰를 하고 의견을 내고 수렴하는 워크숍을 직접 주도한다.

현장 수업의 하이라이트는 눈높이 체험이다. 수업 중 노인 환자를 섭외하고 양해를 구한 뒤 학생들이 환자의 동선을 함께 따라가도록 한 적이 있다. 환자 뒤를 따라 검사실로 간 학생들은 대기 좌석이 부족해 환자와 함께 다시 로비로 나와 기다려야 했다. 로비에서는 검사실 안의 대기 번호가 보이지 않기 때문에 노인 환자는 순서를 확인하기 위해 수시로 검사실 앞까지 다녀와야 했다. 젊은 학생들에게는 약간의 불편함을 호소하는 수준의 불편함이다. 하지만 노인 환자에게는 매우 큰 불편함이다. 학생들은 노인이 검사실과 로비를 수차례 왕복하는 일이 쉽지 않다. 무엇보다 로비를 오가는 동안 수차례 사람들과 부딪히는 상황을 목격하며 안전사고의 위험성을 떠올렸다.

현장 수업이 몇 차례 진행되면서 학생들은 노인, 어린이, 임산부와 보호자뿐만 아니라 병원에서 근무하는 직원 등 다양한 사용자들과 공감의 영역을 넓혀갔다. 이것이 현장 수업 효과다.

현장의 이해에서 비롯된 진정한 공감은 자살도 막는다

다양한 사용자들을 만나는 수업 중에서도 특히 기억에 남는 현장이 있었다. 서울시 자살예방센터와 함께 진행한 '자살 예방을 위한 서울형 공동주택 주거 디자인' 연구였다. 한 학기 동안 현장 수업의 과제로 진행된 프로젝트는 자살 고위험군으로 분류된 공동주택 거주자들을 대상으로 한 심층 인터뷰에 특히 공을 들였다. 질문지 구성 과정에 참여한 학생들은 적지 않은 부담을 토로했다. 정서적 안정에 어려움을 겪는 자살 고위험군의 사람들이 혹여 질문에 불편함을 느끼지 않을까 조심스러워했다. 하지만 현장 분위기는 예상과 달랐다. 자살 시도 경험이 있는 인터뷰 대상자의 따뜻한 환대에 오히려 학생들이 긴장감을 덜어냈다. 필요한 정보를 되도록 많이, 또 깊이 파고들어야 한다는 '전투적' 자세를 내려놓고 시작된 인터뷰는 매우 성공적이었다. 편안한 분위기에서 인터뷰 대상자는 자연스럽게 마음을 열어 보였고 학생들은 사용자와 공간 환경에 대한 이해를 넓혀갔다. 이후 학생들의 눈빛과 태도가 눈에 띄게 달라졌다. 단지 수업 과제를 수행하는 자세를 넘어 적극적으로 디자인 완성 과정에 참여했다.

거주자 인터뷰와 이해관계자 워크숍 등 현장 중심의 프로젝트 수행을 통해 '자살 예방을 위한 서울시 공동주택 주거 디자인 10대 가이드라인'이 만들어졌다. 서울시는 관내 신축 공영 공동주택에 10대 가이드라인 적용을 권고하고 있다.

공간 디자인 과정에서 도면을 그리는 작업은 거의 마지막 단계

04
솔루션 리서치
디자인 솔루션

1. **컬러테라피** | 긍정적 에너지와 심리적 안정감을 주는 컬러 적용
2. **빛테라피** | 충분한 자연광과 상황에 적합한 인공조명 활용
3. **정리정돈** | 무질서한 환경의 부정적 영향 감소를 위한 정리정돈 지원
4. **우리집 골목길** | 내 집에 가는 길을 쾌적하게 조성하고 애착 형성
5. **이웃의자** | 가볍게 지나가면서 머무를 수 있는 작은 교류공간 조성
6. **자연쉼터** | 충분한 햇빛과 오감자극 자연 등 치유 디자인 적용
7. **운동쉼터** | 쉽고 편리하고 재미있게 할 수 있는 운동 공간 조성
8. **테마사랑방** | 주민이 직접 제안하고 조성하고 이용하는 다양한 테마공간 활용
9. **역사형성** | 장기 거주민 존중 문화 및 애착 유도
10. **행복지도** | 동네의 다양한 자원을 활용한 외부활동 및 의료복지시설 가이드 지도 제공

04
솔루션 리서치
디자인 솔루션

3. 정리정돈

내 집 우리 아파트는 특별해요

무질서한 환경으로 인한 내적 불협화음 해소
상담과 정리수납 동시 지원

- 생활습관 및 식생활 개선을 위한 정리수납 지원
  - 수납공간, 냉장고, 화장실 등
- 공간 부족 해소 및 정리 행위를 수행하지 못하는 심리 상태의 사람들 지원
  - 정신건강을 돕는 도구로서 정리의 가치 재조명
  - 많은 짐으로 인한 투과되는 빛의 난반사로 인한 어두운 환경 개선

04
솔루션 리서치
디자인 솔루션

4. 우리 집 골목길

내 집 우리 아파트는 특별해요

폭이 좁고 긴 복도는 정신건강에 부정적 영향
집으로 가는 길이 즐겁도록 유도하고 애착 형성

- 엘리베이터 홀의 공용공간에서 내 집까지 가는 복도를 즐거움이 있는 공간으로 조성
- 단기: 주민과 함께 컬러 및 일러스트 도입. 내 집에 대한 애착 및 이웃 형성
- 장기: 난간걸이 화분 등을 부착하여 녹지가 풍부한 환경 조성

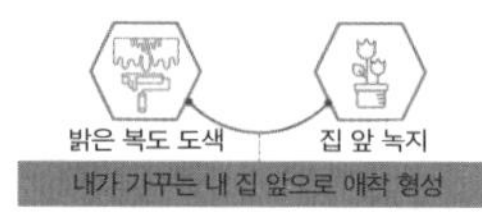

자살 예방을 위한 서울시 공동주택 주거 디자인 10대 가이드라인

의 일이다. 사용자가 병원이라는 공간에서 어떻게 생활하고 어떤 니즈를 품고 있는지 이해하지 못한 채 공간을 계획하고 벽, 바닥, 천장의 디자인을 할 수 없다. 사용자와 소통하지 않은 디자인은 제아무리 아름다운 공간이라도 24시간이 지나지 않아 불편과 불만의 대상이 된다. 현장을 경험하고 사용자와 직접 소통하는 능력이야말로 디자이너의 기본기다.

현장은 사용자에 대한 공감의 출발점이다. 현장의 경험을 종합적 맥락으로 이해하지 않고 좋은 공간을 디자인할 수는 없다. 나는 수십 년 세월을 현장을 뛰어다닌 디자이너인데도 여전히 현장이 어렵다. 사람의 마음을 깊게 공감하는 일은 경력의 짬으로 해내는 일이 아닌 탓이다. 좌충우돌 현장에서 고민 끝에 얻은 최적의 결론은 디자인 과정에 사용자들을 적극적으로 참여시키는 것이다. 일찌감치 사용자들에게 커다란 백지를 내어준 후 직접 도면을 그려보도록 하고 실제로 디자인에 반영하고 있다. 공간 전문가로서 사용자들과 깊게 공감하는 데 이보다 좋은 방법을 아직 찾지 못했다. 서로 다른 이해관계에 있는 사용자들의 협력을 유도하는 가장 힘 있는 설득도 공감에서 나온다. 전문가가 사용자에 공감하고 사용자가 다른 사용자에 공감하는 과정을 거치면서 더 나은 공간을 위한 창의적 아이디어들이 디자인으로 구현된다. 어떤 합리적 이유와 논리보다 공감의 힘이 가장 놀랍고 또 아름답다.

2.
휠체어에 앉아야 보이는 것들이 있다

통일성을 주려던 녹색 필름이 옥의 티가 되어버리다

'하필 이 위치에 녹색 필름이라니…….'

이른 아침부터 직접 운전해 지방의 어느 노인요양병원으로 향했다. 도착하자마자 병원부터 둘러보기로 했다. 공식적인 회의에 앞서 남들은 잘 보지 않는 구석구석 공간을 꼼꼼하게 살펴보고 확인하는 건 나의 오랜 루틴이다. 병원 앞마당에서 본 첫인상은 무척 좋았다. 넓은 부지와 아름다운 자연환경이 마음에 쏙 들었다. 특히 교통 요지에 자리 잡은 이점을 살려 향후 응급의료센터 활성화를 기대할 만했다.

회의실로 향하기 전 수첩과 카메라를 꺼내 들고 나만의 디자인 투어를 시작했다. 어느 병원이든 예외는 없다. 어떤 선입견도 없이 보고 듣고 느낀 날것의 정보야말로 공간 설계의 기본적인 자료가 된다. 디자인 전 과정에서 이 시간이 가장 긴장되는 순간이다.

병원 현관문의 유색 필름 띠와 휠체어 높이에 앉아서 보기 어려운 게시물의 위치

1층은 깨끗한 마감재를 써서 구석구석 단장한 모습이었다. 환자들에게 쾌적함과 편리함을 주기 위해 신경을 쓴 흔적이 엿보였다. 2층에는 정원도 있고 산책로와 연결되도록 출입구를 내는 등 동선 설계도 큰 무리가 없었다. 문제는 병원 출입문에 가로로 길게 붙여 놓은 녹색 필름이었다. 유리문 가운데 떡하니 붙여놓은 녹색 띠를 보는 순간 눈살이 절로 찌푸려졌다. 내부를 모두 둘러보고 나서야 다른 문들과 디자인적 통일성을 주려는 의도임을 알게 되었다. 병원 현관문에 유색 띠를 붙이는 건 꽤 유용하게 사용되는 장식이다. 녹색 띠가 유독 눈에 거슬린 이유는 바로 위치 때문이다.

자연환경이 아름다운 병원 앞마당에도 예쁜 정원이 조성되어 있었다. 유리문 너머로 자연풍경을 즐길 수 있는 좋은 조건이었다. 환자들이 병실 밖으로 나와 실내 의자에 앉아서 창밖 풍경을 볼 수 있고, 반대로 야외 정원에서도 병원 내부를 볼 수 있도록 유리문을 넓게 설치하는 것만으로도 충분히 아름다운 공간이 연출되는 천혜의 환경이었다.

그런데 녹색 필름의 위치가 앉았을 때 눈높이와 같았다. 고령의 환자가 많은 병원 특성상 휠체어를 타는 분들이 많았다. 서 있는 시간보다는 앉아 있는 시간이 대부분인 환자들을 전혀 배려하지 않은 것이다. 녹색 필름 띠는 실내에 있는 사람들과 바깥 자연풍경을 단절하고 있었다. 병원 내부 곳곳에 설치된 게시판도 마찬가지였다. 모두 일반 성인이 서 있는 자세에서 보이는 눈높이에 맞춰 설치되어 있었다. 휠체어에 앉은 환자들이 게시물을 보려면 고개를 뒤로 젖혀야만 한다. 게시판은 예쁘게 디자인되었지만, 정작 안내문의 글씨가 작아서 고령의 환자들은 앞으로 바짝 다가가 내용을 확인해야만 했다.

현장과 동떨어져 있는 디자이너가 환자를 배려하지 못한다

이런 무심함은 비단 이 병원만의 문제는 아니다. 팔, 다리, 어깨 등의 질환을 치료하는 정형외과에 건장한 성인도 밀기 쉽지 않은 무게의 유리문이 설치되어 있거나 자주 탈의해야 하는 검사실에 제대로 된 가림막을 설치하지 않는 등 환자 입장을 전혀 고려하지 않은 병원들이 상당히 많다. 병원 디자인 과정에서 병원장이든 디자이너든 환자 중심 디자인을 강조하지 않는 경우는 없다. 그럼에도 정작 환자를 배려하지 않은 디자인이 여전히 많다. 디자이너가 현장과 동떨어져 있기 때문이다. 현장과 소통하는 디자인은 공간 사용자의 행동을 관찰하고 이야기를 듣고 디자이너가 직접 사용자

사람들의 눈높이를 고려한 사인의 부착 위치

와 같은 체험을 할 때 비로소 가능하다.

유리 현관의 녹색 필름은 내부 디자인과 통일성을 위한 요소였고 디자인적으로는 전혀 문제가 없었다. 당시 병원을 설계한 디자이너들도 아마 신발이 닳도록 현장을 드나들었을 것이다. 다만 환자가 아니라 방문객의 눈으로 공간을 보고 이해한 것이다.

공간 디자인의 목적은 인간의 삶이 현재보다 더 풍요로워질 수 있는 환경을 만드는 것이다. 감탄이 나올 만큼 아름다운 공간도 그곳에서의 삶이 편안하고 즐겁고 행복하지 않다면 아름답다고 말할 수 없다. 좋은 공간은 컴퓨터 앞에 앉아서 디자인을 고민하는 시간과 비례해서 만들어지지 않는다. 환자 중심의 병원 환경은 마치 심리상담사처럼 환자의 마음에 접근하려는 디자이너의 노력으로 변화된다. 함께 현장에 서서 살아 있는 삶의 이야기에 공감하지 않는 디자인은 성공할 수 없다.

3.
왜 비뇨의학과에서 화장실이 중요한가

여성을 위한 비뇨의학과는 벤치마킹할 선례가 없었다

병원 리모델링 의뢰를 받을 때마다 기존의 성공 사례를 벤치마킹해달라는 요구를 받는다. 하지만 한날한시에 태어난 쌍둥이도 다르듯이, 같은 진료과목을 다루는 병원이라도 환경과 사용자 성격이 다르고 저마다 개성이 있게 마련이다. 어떤 분야든 오랫동안 일하게 되면 자신도 모르는 사이에 자기 자신을 모방하게 되므로 스스로 경계해야 한다. 그런데 나는 매번 정반대의 고민을 한다. 어느 프로젝트든 늘 무에서 유를 창조해야 하는 새로운 미션이 주어지기 때문이다. 2017년 동탄 신도시에 새로 문을 연 비뇨의학과를 디자인할 때도 그랬다.

당시 동탄 지역은 SRT역이 들어서면서 역세권을 중심으로 개발이 한창 진행 중이었다. 답사를 위해 찾았을 때도 황량한 벌판에 거대한 크레인들이 곳곳에서 건물을 올리고 있었다. 병원이 들어설 건물도 이제 막 지어져서 아직 상점들이 채워지지 않은 상태였다.

'이런 허허벌판에 150평 규모로 비뇨의학과를 오픈한다고?'

아직 상권이 형성되지 않았고 인기 진료과목도 아닌 비뇨의학과를 개원해도 괜찮은 건지 약속 장소로 향하는 내내 걱정을 하느라 머릿속이 바빴다.

당시 골드만비뇨의학과는 9명의 비뇨의학과 전문의가 3곳의 병원을 나눠 운영하고 있었다. 신도시 동탄으로 이전을 결정한 건 기존의 남성 위주 비뇨기과 진료에서 탈피해 남성과 여성 모두를 위한 비뇨의학과로 변화를 꾀하기 위해서다. 솔직히 프로젝트를 맡기 전까지 나도 '여성은 산부인과, 남성은 비뇨기과'라는 통념을 갖고 있었다. 실제로 산부인과는 임신과 출산을 비롯한 여성 질환을 치료하는 곳이고, 비뇨기과는 남성 생식기 치료를 전담하고 있다. 그러니 완전히 틀린 이야기는 아니다. 하지만 비뇨의학과는 신장과 방광 등 비뇨기관의 질환을 전담하는 곳으로 남성과 여성의 구분이 없다. 오히려 방광염, 골반통증후군, 요실금 등은 여성에게 더 흔한 비뇨 질환이다. 디자인 미션은 바로 '여성 친화적인' 비뇨의학과를 만드는 거였다. 비뇨의학과가 남성을 위한 병원이라는 편견에서 벗어나 여성도 편안한 마음으로 비뇨 질환을 치료받을 수 있도록 심리적 문턱을 낮추는 것이 디자인의 핵심이었다.

공간 디자인에 앞서 사전 조사를 진행했다. 하지만 국내외를 통틀어 남녀 모두를 위한 비뇨의학과 디자인 사례를 찾는 것부터가 난관이었다. 벤치마킹할 모델이 있었다면 디자인 콘셉트를 정하는

비뇨기과의 특성상 모든 환자가 진료 프로세스에 화장실을 거쳐야 한다. 그에 맞춰 기분 좋은 화장실의 이미지를 부각했다.

데 조금은 수월했을 것이다. 참조할 만한 사례가 거의 없으므로 완벽한 백지에서 시작할 수밖에 없었다. 하지만 당황할 일도 아니다. 모든 공간의 숙제는 현장에서 풀어야 한다. 여성을 위한 비뇨의학과에 관해 궁금한 것은 비뇨 질환을 경험한 여성 환자들과 의료진이 알고 있을 터였다. 우선 사용자들이 속 시원하게 의견을 말하고 설계에 직접 참여하는 프로그램을 꼼꼼하게 기획했다. 장장 4시간에 걸친 코크리에이션 워크숍은 뜨거운 열기로 가득했다.

비뇨의학과에서는 화장실도 치료의 공간이 된다

"예쁜 화장실을 만들어주세요."

워크숍 중 튀어나온 얘기였다. 여성을 위한 비뇨의학과와 예쁜 화장실이 도대체 무슨 관계가 있는 걸까? 이는 예쁜 공간으로서 화장실이 아니라 남성과 여성 환자 모두의 '프라이버시'를 보호하는 공간에 대한 요구였다.

비뇨의학과는 진료과 특성상 병원에서 화장실을 자주 이용하고 검사실에서 신체 노출이 불가피하다. 남성과 여성이 함께 진료받는 공간에서 양쪽 모두 프라이버시에 더욱 민감하게 반응할 수밖에 없는 환경이다. 특히 여성에게 비뇨의학과는 낯설다. 심리적으로 불편하고 부담스러운 장소다. 그래서 등장한 이슈가 화장실이다. 검사실에서 화장실까지 이르는 동선은 되도록 짧아야 하고, 여성과 남성 환자의 동선을 최대한 분리할 필요가 있었다. 특히 여성들은 안전과 위생에 매우 관심이 높았는데, 심지어 수술실의 침대조차 남녀로 분리해달라는 요구도 있었다. 비뇨의학과에서 프라이버시에 대한 불안감이 얼마나 큰지 워크숍을 진행하며 공감했다. 따라서 디자인도 프라이버시 노출에 대한 심리적 공포를 낮추는 솔루션이어야 했다.

병원은 일반 사무공간과 다르다. 목적에 따라 분리된 공간이 서로 유기적인 관계를 맺는다. 쉽게 말해 각자의 기능을 수행하는 공간들이 환자의 동선으로 연결된다. 병원을 찾은 환자가 진료실, 검사실, 주사실 등을 모두 차례대로 거쳐야 진료 행위가 온전히 마무리되는 것이다. 골드만비뇨의학과는 총 38개의 공간으로 이뤄져 있다. 이들 공간을 여성과 남성의 동선으로 분리하기란 쉽지 않았다.

우선 환자들이 이용하는 모든 공간은 심리적 안정감과 프라이버시 보호를 최우선으로 설계했다. 수술실과 입원실은 모두 남녀로

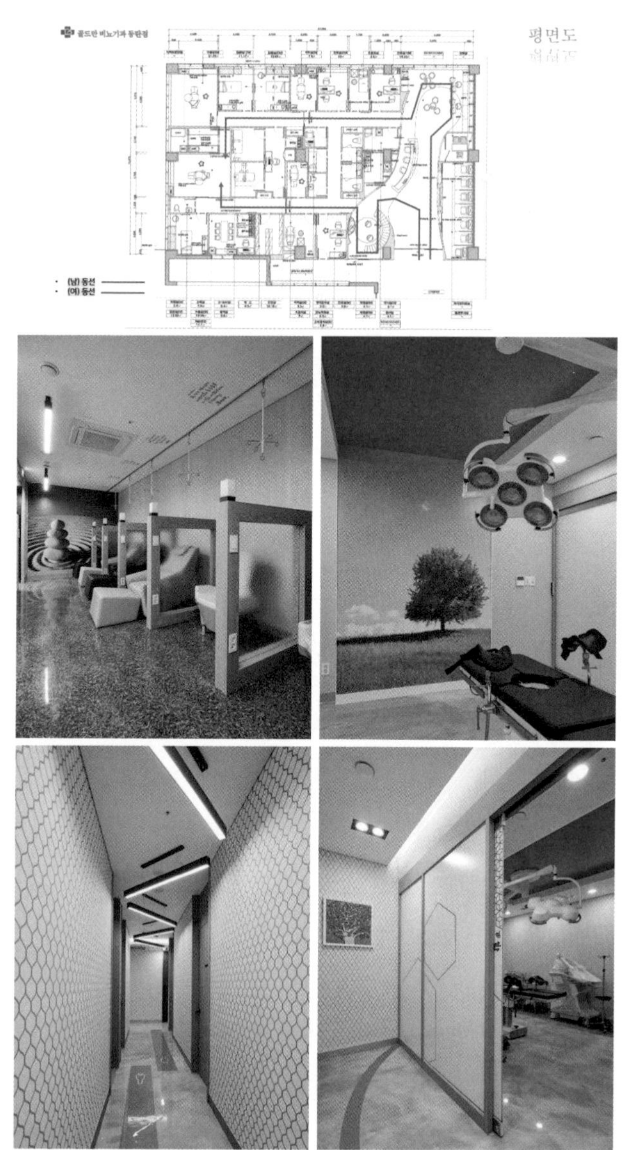

여성과 남성 환자의 분리된 동선을 보여주는 도면. 다양한 공간에서 환자들은 직관적으로 길 찾기를 할 수 있고 치료 시에도 편안한 마음을 가질 수 있도록 공간 분위기를 연출했다.

분리해 가장 편안한 상태에서 치료를 받도록 했고 동선은 최대한 단순 명료하게 설계함으로써 남녀 환자의 접촉을 최소화했다. 무엇보다 비뇨의학과의 화장실은 치료의 공간이라는 점을 주목했다. 마음의 안정을 유도하는 3D 그래픽과 음악 등 시청각 요소를 반영해 '화장실 같지 않은 화장실'을 만들었다.

비뇨의학과를 찾는 환자들은 남녀 공통적으로 심리적 위축감을 호소한다. 자신도 모르게 의기소침해지는 마음을 위로하기 위해 공간은 밝고 따뜻한 색채로 채웠다. 또 과도한 긴장을 풀어주기 위해 단순하고 명확한 직선적 이미지 대신 천장, 벽, 가구 등에 부드러운 곡선을 적용함으로써 발랄한 분위기를 조성했다.

공간은 사람의 행동과 마음가짐에 직접 영향을 미치고 결과적으로 삶의 질을 좌우한다. 공간을 디자인하는 과정에서 사용자와의 적극적 소통은 수없이 강조해도 모자람이 없다. 공간은 사용자의 목적에 부합할 때 비로소 가치가 있다. 공간이 존재하는 이유, 즉 본질을 파악하지 못한 디자인은 당장은 만족할 수 있어도 오랜 시간 사랑받을 수는 없다.

4.

아프지 않아도 놀러 가고 싶은 병원을 만들다

디자인싱킹으로 문제를 해결하는 공간 디자인을 하다

2000년 미국 ABC 방송의 대표적인 저녁 뉴스 프로그램 「나이트라인Nightline」은 세계적인 디자인 회사 아이디오IDEO의 '디자인싱킹' 과정을 소개한 특집을 방영했다. 아이디오의 미션은 '쇼핑센터에서 사용하는 카트를 5일 만에 아주 새롭게 디자인'을 하는 것이었다.

디자인싱킹의 핵심은 '공감emphasize'이다. 자료의 분석보다 사용자에 대한 공감과 이해에서 출발한다. 쇼핑카트 혁신 프로젝트에 참여한 아이디오 디자인팀은 엔지니어 전문가, MBA 출신, 마케팅 전문가, 언어학자, 심리학자, 생물학 전공자 등 다양한 분야의 전문가들로 구성되었다. 준비 회의Kick off meeting를 마친 후 이들은 제일 먼저 마트로 달려가서 쇼핑카트를 사용하는 고객을 관찰했다. 그리고 고객을 비롯하여 카트관리자와 매장 직원 등과도 인터뷰를 진

당시 방영된 화면에서 보여진 달라진 쇼핑카트 (출처: 박소형)

행했다. 이 단계가 바로 디자인싱킹의 '공감하기'다. 이 과정에서 계산대에 길게 줄을 서야 하는 불편함, 카트에 담은 물건의 도난사고에 대한 우려, 아이와 카트를 동시에 통제하기 어려운 문제들이 발견되었다. 아이디오 디자인팀은 이를 해결할 문제로 정의했다define. 솔루션으로는 쇼핑카트에 바코드 리더기를 설치해 오래 줄을 서지 않도록 했고 도난의 우려를 줄이기 위해 기존보다 바구니를 올린 구조의 카트를 만들었다. 또 카트에 어린이용 좌석을 만들어 부모의 쇼핑 편의성을 높였다. 단 5일 만에 이뤄낸 혁신이었다.

디자인싱킹은 한마디로 사용자 니즈에 깊이 공감함으로써 페인포인트pain point를 파악하는 방법론이다. 2005년 스탠퍼드대학교

연세암병원 소아청소년암센터 내 놀이치료실 전경

에서 엔지니어를 대상으로 '디자인싱킹 방법론'을 정식으로 가르치기 시작했지만, 사실 디자인싱킹은 용어로 정의되지 않았을 뿐 아주 오래전부터 위대한 혁신가들의 공통적인 문제 해결법이었다.

병원 리모델링을 시작한 이래 디자인싱킹은 줄곧 우리 프로세스의 핵심이었다. 공간 디자인은 사용자가 공간 안에서 보내는 시간, 즉 사용자의 삶을 디자인하는 것이다. 사용자에게 공감하지 않고 사용자를 위한 공간을 창조할 수 없다. 연세암병원 소아청소년암 센터 외래 디자인을 진행할 때는 특히 많은 시간을 들여 암을 앓는 아이들의 마음에 집중했다.

어린 암 환자들은 병원을 어떤 공간으로 인식하고 있을까? 아이들이 소리 내서 말하지 않는 마음이 알고 싶어서 며칠에 걸쳐 병원 대기실을 찾았다. 그곳에서 지켜본 아이들은 하나같이 주눅이 든 모습이었다. 암센터라고 큼지막하게 쓰여 있는 병원 건물로 들어오는 순간부터 커다란 두려움에 짓눌린 탓이다. 병원에서 오히려 암에 대한 공포를 더 생생하게 경험하게 되는 분위기를 바꿔야만 했다.

아픈 아이들이 있는 공간은 암울해서는 안 된다. 부드러운 색감, 따뜻한 조명, 다양한 장난감이 있는 공간을 만드는 건 쉽다. 그러나 단지 밝은 분위기만으로는 충분하지 않았다. 자신이 암 환자라는 생각을 잠시 잊을 수 있는 공간 경험이 필요했다.

외래 대기실 중앙에 천장을 떠받치는 큰 나무 몇 그루를 세웠다. 진짜 나무가 아니라 천장을 지탱하는 기둥을 나무 형태의 구조물로 바꾼 것이다. 이 나무 기둥에는 사람의 움직임에 맞춰 빛과 그림자가 바뀌는 영상 체험 기술을 입혔다. 아이들이 가까이 다가가면 다양한 그림자놀이가 시작된다. 로비의 나무(숨겨놓은 기둥) 앞에서 그림자놀이를 즐기는 동안 아이들의 얼굴에서는 어두운 표정이 사라졌다. 또 로비 곳곳에 숨을 수 있는 구조물을 설치했다. 대기실의 아이들은 마치 원래 친구였던 것처럼 어울려 숨바꼭질에 여념이 없었다.

"안 아파도 병원에 또 놀러 오고 싶어요!"

간호사들에게 달라진 아이들의 이야기를 전해 들었을 때 그만 눈물이 핑 돌고 말았다. 아이들은 암센터 대기실을 병원이 아니라 '작은 숲속 놀이터'로 받아들였다. 디자인싱킹은 단지 문제를 찾아내어 해결하는 것에 그치지 않는다. '사용자가 스스로 가치를 찾아낼 수 있도록' 문제를 해결하는 것이 중요하다.

실명의 공포를 잊게 해주어 유럽 최고의 혁신 병원이 되다

의료 선진국 네덜란드에서 디자인, 안전, 품질 관련 상을 모두 휩쓴 로테르담 안과병원Oogziekenhuis Rotterdam은 디자인 전시장으로 불린다. 과거 이곳은 어둡고 삭막한 분위기로 환자들의 불만이 높았다. '어떻게 하면 밝고 편안한 병원을 만들 수 있을까'를 고민한 로테르담 안과병원은 환자들이 병원을 싫어하는 본질적인 원인을 조사했다. 그 결과 병원에 대한 부정적 감정은 어두운 인테리어 때문이 아니라 '실명'의 공포라는 사실을 알아냈다. 공포가 사라지지 않는 한 병원은 늘 긴장되고 두려운 공간일 수밖에 없다. 곧 공간 경험을 개선하는 솔루션을 고민했다.

병원은 환자가 최초 접촉하는 단계에서 의료진과 유대감 형성이 환자 경험에 큰 영향을 미친다는 사실을 주목했다. 그래서 찾은 솔루션이 내원 전 아이들에게 동물 그림이 그려진 티셔츠를 선물하는 것이었다. 병원에서 받은 옷을 입고 내원한 아이들은 자신과 똑

에클륀트 테르베익Eklund Terbeek이 디자인한 로테르담 안과병원
(사진 출처: Contesy of Mikgoung Kim Design, by Hendrich Mlessing[2])

같은 캐릭터의 셔츠를 입은 의사에게 친밀감을 느끼고 진료실은 공포의 공간으로 기억되지 않는다.

병동도 어린 환자들이 호기심을 가질만한 공간으로 바꿨다. 일례로 유아 병동에 카운터로 이어지는 징검다리는 아이들의 상상력을 자극할 뿐만 아니라 두려움 없이 의료진과 소통하는 분위기를 만들어냈다. 로테르담 안과병원의 변화는 예상치 못한 긍정적 결과를 낳았다. 환자들의 쾌유 속도가 빨라졌고, 직원들은 밤샘 근무 없이도 모든 절차의 95%를 수행할 수 있게 되었다. 환자 경험 만족도 조사에서 10점 만점에 8.6점을 받고 있으며, 직원들의 업무 만족도도 높아졌다. 로테르담 안과병원은 환자에게 공감하는 디자인싱킹을 통해 '유럽 최고 혁신 병원'의 명성을 얻었다.

5.
포스트잇 한 장으로 공감의 시간이 시작되다

코크리에이션 워크숍은 공간 디자인의 중요한 첫 단계다

"디자인싱킹은 모두가 대화에 참여하는 기회를 통해서 다극화된 경험을 만들어내는 과정이다."

팀 브라운Tim Brown 아이디오 CEO가 한 말이다. 나에게 공간 디자인의 첫 시작은 언제나 같다. 병원 규모가 크든 작든, 진료과목이 무엇이든 디자인 프로세스의 출발점은 '사용자 경험에 공감하기'다. 그래서 반드시 거치는 과정이 '코크리에이션Co-creation 워크숍'이다. 사용자가 모두 함께 문제를 이야기하고, 니즈를 파악하고, 가장 창의적인 솔루션을 찾는 시간이다.

코크리에이션 워크숍은 병원의 다양한 이해관계자들이 각자의 요구사항들을 말하고 서로의 이해를 조율하고 협의하는 자리다. 워크숍을 진행할 때 꼭 필요한 물품이 있는데 바로 포스트잇이다. 첫 워크숍을 열면 참가자들은 무표정으로 무관심한 태도를 보인

코크리에이션 워크숍의 다양한 장면들

다. 바쁜 업무 중에 억지로 들어야 하는 특강쯤으로 여긴 탓이다. 하지만 포스트잇과 펜을 손에 쥔 순간 분위기는 180도 달라진다.

워크숍은 크게 3단계로 진행된다. 로비, 진료실, 식당, 상담실 등 병원의 각 공간을 특정한 뒤 평소 생각한 불편사항을 포스트잇에 문장이 아니라 키워드로 적는다. 그리고 한 명씩 나와 벽면에 포스트잇을 붙인 후 이유를 설명한다. 이 과정은 매우 중요하다. 가령 '불편해요'라는 추상적인 느낌을 '동선' '문' '위치' '조명' 등 키워드로 정리함으로써 개선해야 할 구체적인 목표를 알게 되고, 동시에 같은 병원에서 일하지만 서로 공간 경험이 다르다는 사실을 인식하게 된다.

워크숍의 하이라이트는 조별 과제다. 서로 다른 직군의 사람들이 한 조가 되어 직접 설계도면을 그린다. 큰 백지를 한 장 놓고 어떤 공간을 어떻게 바꿀 것인지 문제와 솔루션을 의논한다. 이 과정에서 놀라운 변화가 일어난다. 처음에는 다리를 꼬고 팔짱을 낀 자세로 방관자적 태도를 고수하던 사람들도 조금씩 몸을 앞으로 당기며 동료들의 이야기에 귀를 기울인다. 평소 말수가 적은 사람조차 조금이라도 자신의 의견을 피력하기 위해 열정적으로 이야기를 풀어놓는다. 서로의 속내를 들으며 고개를 끄덕이기도 하고 진료실 위치나 휴게실 크기처럼 서로의 이해관계가 첨예하게 부딪히는 대목에서는 다시 안 볼 사람들처럼 설전을 벌이기도 한다. 하지만 결국 서로 접점을 찾아내고 백지에 설계도면을 그려낸다. 완성된 도면을 조별로 직접 프레젠테이션하는 것으로 워크숍은 끝난다.

코크리에이션 워크숍으로 소통하고 충만해지다

언젠가 어느 병원에서 워크숍을 한 후 일어난 일이다. 그 병원 직원들은 시작부터 유독 시큰둥한 표정과 소극적 반응을 보여서 진행하기가 무척 힘들었다. 하지만 조별로 도면을 완성하고 프레젠테이션을 할 때쯤 분위기가 완전히 반전되어 열기가 대단했다. 끝날 무렵 "워크숍을 마치겠습니다."라고 말하자 서로 어깨를 토닥이더니 심지어 부둥켜안고 눈물을 흘리는 장면이 여기저기서 연출되었다.

워크숍을 '시간 때우기'로 생각했던 사람들은 자신뿐만 아니라 동료들도 저마다 어려움을 겪고 있었다는 사실에 놀랐고 또 공감했다. 긴 시간이 지나 리모델링이 끝난 후 직원들은 공간의 변화에 대해서도 매우 긍정적인 피드백을 전해왔다. 병원 곳곳에 자신들의 의견이 반영된 공간들이 만들어졌고, 그렇지 못한 경우도 다른 누군가에게 꼭 필요한 공간임을 알기에 불만이 사라졌다. 무엇보다 직접 공간을 디자인하는 경험이야말로 감동이었다는 소감이 주를 이뤘다.

솔직히 디자이너에게 코크리에이션 워크숍은 가능한 피하고 싶은 과정이다. 짧게는 하루 몇 시간에서 길게는 여러 날에 걸쳐 다양한 목소리가 분출되는 갈등의 현장에 있다 보면 워크숍을 대충 끝내고 싶은 마음이 굴뚝같다. 게다가 워크숍의 의미와 가치를 이해하지 못하는 고객과 입씨름이라도 하게 되면 회의감이 밀려온다. 전문가 몇 명이 모여서 도면을 만들면 금방 끝날 일을 굳이 워크숍을 열어서 고난을 자초한다는 생각이 드는 게 사실이다. 하지만 수많은 시행착오를 거쳐 공간이 완성된 후 사용자들의 만족이 커져서 좋은 평가와 인사를 받으면 기운이 펄펄 나고 보람으로 충만해진다.

코크리에이션 워크숍이 정말 중요한 까닭은 대단히 창의적인 아이디어가 도출되기 때문이 아니다. 워크숍은 그동안 드러나지 않았던 공간에 대한 사용자들의 감정을 수면 위로 떠오르게 하는 역할을 한다. 이 과정에서 약간의 갈등과 대립도 발생한다. 그러나 대화를 통해 결국 '우리'의 목표를 인식하고 '나'의 의견을 '남'과 조율하려는 자발적 노력이 형성되면서 돌파구가 열린다. 사용자가 솔직하게 마음을 드러내도록 하고 각양각색의 니즈를 하나의 방향으로 흐르도록 하는 과정은 어렵지만 꼭 필요하다. 좋은 디자인을 위해서는 더 많은 사용자가 대화에 참여하는 기회를 시스템으로 구축해야 한다. 디자이너를 포함한 공간의 이해관계자들은 '공식적이고 충분한' 소통 장치를 통해 각자 직접 접할 수 없는 사건과 상황을 이해하고 공감하게 된다. 이런 과정 없이 사용자가 만족하는 공간을 디자인하는 건 불가능하다.

6.
공감은 어떻게 공간을 혁신하는가

병원과 환자 간 인식 차이에서 환자 경험을 올리다

노르웨이의 오슬로대학병원Akershus University Hospital은 스칸디나비아에서 가장 큰 유방암 전문 병원이다. 첫 검사와 진단을 받기까지 최대 3개월을 기다려야 할 만큼 환자들에게 인기가 높다. 이 병원은 더 나은 의료 서비스를 제공하기 위해 환자 경험 개선 프로젝트를 시작했다. 종양 전문의, 방사선 전문의, 무선기술자, 간호사, 환자조정자, 비서, 개인 클리닉 의사, 일반 개업의를 포함해 환자 경험에 영향을 미치는 직·간접적인 이해관계자 40여 명이 모여 워크숍을 진행하고, 유방암 환자들과 직접 심층 인터뷰도 마쳤다.

이 과정에서 병원과 환자 간에 매우 큰 인식의 차이가 드러났다. 병원은 의사가 암을 진단한 날부터 '공식적인' 환자로 인식했다. 그러나 환자들은 암 전문 병원에 오기 전에 암이 발견되었다는 사실을 안 날부터 자신을 환자로 인식했다. 환자 경험의 출발점이 달랐

노르웨이의 오슬로대학병원 (출처: 위키피디아[3])

다. 병원은 환자 경험 개선을 위한 최우선 과제를 '대기시간 단축'으로 정했다. 복잡한 진료 과정을 점검하고 첫 주치의 상담에서 진단에 이르는 새로운 경로를 설계했다. 이를 통해 최대 3개월의 대기 기간을 7주로 줄이는 데 성공했다. 몸속에 암 덩어리가 있다는 사실을 알면서도 진료 순서를 마냥 기다려야 하는 환자들이 느끼는 불안과 공포의 시간이 크게 단축된 것이다.

오슬로대학병원은 환자 경험을 획기적으로 끌어올릴 수 있었던 배경으로 '직원들의 긴밀한 협력'을 꼽았다. 실제로 병원 직원들은 워크숍 등에 참여하여 주인의식을 확인했고 더 나은 솔루션을 위해 자발적으로 헌신했다.

워크숍에 사용자와 의사결정자가 참여해야 한다

모든 현장 워크숍이 오슬로대학병원과 같은 성과를 내는 건 아니다. 언젠가 리모델링을 한 지 얼마 되지 않은 병원을 '다시' 리모델링하는 프로젝트를 맡은 적이 있다. 늘 그렇듯 코크리에이션 워크숍을 계획했다. 그런데 병원장이 매우 부정적인 반응을 보였다. 그는 "지난번에도 병원 식구들의 의견을 충분히 수렴했지만 전혀 성과가 없었다."라고 했다. 그의 목소리엔 억울함과 의심이 묻어났다. 지난 리모델링 공사에서도 직원 워크숍을 했지만 공사 후 문제가 많아서 다시 리모델링을 하는 마당에 또 워크숍을 해야 한다는 제안을 받아들이기 어려웠던 것이다.

워크숍을 했는데 결과가 좋지 않았던 까닭은 무엇일까? 그 자리에 있지 않았어도 그 이유를 짐작할 수 있었다. 워크숍이 사용자의 니즈를 충분히 드러내고 문제를 제대로 정의하는 효과를 발휘하려면 몇 가지 조건을 충족해야 한다. 그중 의사결정자의 워크숍 참여는 필수다.

워크숍의 주요 의도 중 하나는 의사결정자가 다수 사용자의 니즈를 이해하고 결과적으로 설계에 반영하도록 하는 것이다. 의사결정자도 한 명의 사용자가 되어 그 과정을 경험하지 않으면 다른 사용자들의 니즈에 진심으로 공감할 수 없다. 자유로운 분위기에서 등장한 예상치 못한 창의적인 솔루션의 가치도 이해하지 못한다. 워크숍에서 도출된 제안들의 의미와 가치를 이해하지 못하기 때문에 최종 설계를 결정할 때 자기 생각과 방향에 더 집중할 수밖에 없다. 의사결정자가 참여하지 않는 워크숍은 절반의 성공도 거두기 어렵다.

성공적인 워크숍은 프로그램의 설계가 중요하다. 솔직한 대화

디자인 코크리에이션 워크숍에서 사용자들이 활발하게 참여하는 모습

수준을 넘어 자연스럽게 창의적 발상을 할 수 있도록 유도해야 한다. 십수 년 전 나의 디자인 프로세스에 처음 코크리에이션 워크숍을 도입했을 당시만 해도 사용자가 참여하는 디자인 워크숍은 매우 생소한 개념이었다. 주변에서 벤치마킹할 만한 모델을 찾지 못해 독학으로 프로그램을 만들어야 했다. 사용자 스스로 인식하지 못하는 고정관념 찾기, 비언어적 발상으로 창의성을 자극하는 프로그램 짜기, 싸우지 않고 모두가 동등한 위치에서 자유롭게 의견을 낼 수 있도록 '협력을 위한 규칙세우기' 등을 직접 고안했다. 처음엔 시행착오도 있었지만 시간이 흐르면서 '노태린표 코크리에이션 워크숍'이 완성되었다.

워크숍은 규모도 중요하다. 인원이 너무 많으면 합의를 도출하기가 어렵다. 대략 20여 명 규모가 적절하고 4~5명 단위의 조를 구성하면 좋다. 인원이 적을수록 적극적으로 의사를 표현하기 쉽고 도출한 결과에 대한 책임의식도 더 커진다. 구성원 스스로 공간의 주인임을 인식할 때 적극적으로 공간 경험을 개선하려는 움직임이 일어난다. 사용자가 행복한 공간은 사용자의 참여로 만들어진다.

7.
말하지 않는 마음속 숨은 욕구를 찾다

"우리의 일은 고객이 욕구를 느끼기 전에 그들이 무엇을 원할 것인가를 파악하는 것이다. 사람들은 직접 보여주기 전까지 무엇을 원하는지 모른다."

애플의 신화를 창조한 스티브 잡스가 한 말이다. 실제로 애플이 아이팟, 아이폰, 아이패드를 출시하기 전까지 사람들은 그런 제품이 왜 필요한지 알지 못했다.

'열 길 물속은 알아도 한 길 사람 속은 모른다'는 속담이 있다. 타인의 마음을 알기가 그만큼 어렵다는 얘기다. 그런데 알기 어려운 건 남의 마음뿐만이 아니다. 사람들은 대부분 자신의 마음만큼은 잘 안다고 믿지만 이는 사실이 아니다. 실제로 인지과학, 행동과학, 사회과학 등은 우리가 얼마나 자신의 진짜 마음을 잘 모르고 자신의 믿음을 정당화하는지 실험을 통해 보여주고 있다.

왜 의사들이 퇴원 요약지를 작성하지 않는가

세계적 디자인 기업 아이디오는 보이지 않는 마음을 읽는 접근을 통해 문제를 해결하는 성공 사례를 만들었다. 미국 존스홉킨스 병원Johns Hopkins Hospital은 과거 의사들이 퇴원 요약지를 제대로 작성하지 않는 문제로 골머리를 앓았다. 퇴원 요약지는 진료기록과 퇴원 후 관리법을 적은 것이다. 담당 의사는 환자가 퇴원할 때 퇴원 요약지를 줘야 한다. 당시 퇴원 요약지의 문제는 두 가지 형태로 나타났다. 하나는 부실함이다. 필요한 정보가 누락되고 제때 작성되지도 않았다. 다른 하나는 과도함이다. 지나치게 많은 내용을 기록한 퇴원 요약지의 경우 정작 환자에게 필요한 정보는 2%에 불과했다. 여하튼 어느 쪽이든 환자에게 도움이 되지 않았다.

의사들에게 왜 퇴원 요약지를 제대로 작성하지 않는지 질문했더니 대다수 의사가 '중요하지 않은 일'이라고 답했다. 하지만 퇴원 요약지는 환자가 퇴원 후 원외 의료기관을 갈 때 꼭 필요한 자료다. 아이디오는 의사들이 퇴원 요약지를 작성하기 꺼리는 진짜 속마음을 알기 위해 심층 인터뷰를 진행했다. 그 결과가 의사들의 말처럼 '중요하지 않아서'가 아니라 '두려움' 때문임을 밝혀냈다. 환자의 생명에 직접 영향을 줄 수 있는 결정을 하는 의사들은 늘 마음의 큰 부담을 안고 있다. 확신이 없어도 결정을 내려야 하는 상황이 많다. 그런데 이런 마음을 남들이 알게 될까 두려운 마음과 혹여 나중에 문제의 소지가 될 수 있는 흔적을 남기기 싫은 무의식이 함께 작동한 결과였다. 그런가 하면 지나치게 많은 내용을 기록

하는 행위도 필요한 내용을 기재하지 않아서 환자에게 피해를 줄 수 있다는 두려움 때문이었다.

아이디오는 이 '두려운' 마음에 집중했다. 퇴원 요약지 작성법을 교육하고, 환자가 퇴원 요약지를 들고 원외 의료기관을 찾으면 해당 기관에서 퇴원 요약지를 평가하고 피드백하는 시스템을 도입했다. 마음속 막연한 두려움보다 당장 눈에 보이는 평가에 더 민감한 사람의 심리를 이용한 솔루션이다. 새로운 시스템은 도입 2주 후 바로 성과가 나타났다. 퇴원 후 3일 내 퇴원 요약지 작성률이 99%에 달한 것이다. 여기서 주목할 점은 인터뷰 당시 의사들은 '혹여 나중에 문제가 생기면 엮이기 싫은' 진짜 마음을 솔직하게 말하지 않았다는 것이다. 일부러 숨겼을 수도 있지만 "중요하지 않다."라고 말하거나 지나치게 많은 정보를 빼곡하게 적는 행동 아래 숨어서 의사 자신도 미처 인식하지 못한 마음일 수도 있다.

실타래 끝을 잡고 잡아당기듯 인터뷰를 한다

인터뷰는 워크숍보다 심층적인 조사에 유리하기 때문에 나 역시 매우 선호하는 조사법이다. 인터뷰는 그냥 궁금한 것을 묻는 것과 다르다. 맥락을 파악할 수 있는 인터뷰 기술이 매우 중요하다. "퇴원 요약지를 제대로 작성하지 않는 이유가 무엇인가요?"라고 물었을 때 누구도 진짜 마음을 이야기하지 않았다는 것을 기억해야 한다.

인터뷰의 특징은 질문에 따라 답이 달라진다는 것이다. 가령 어떤 공간을 원하는지를 질문하면 사용자는 자연스럽게 평소 원하는

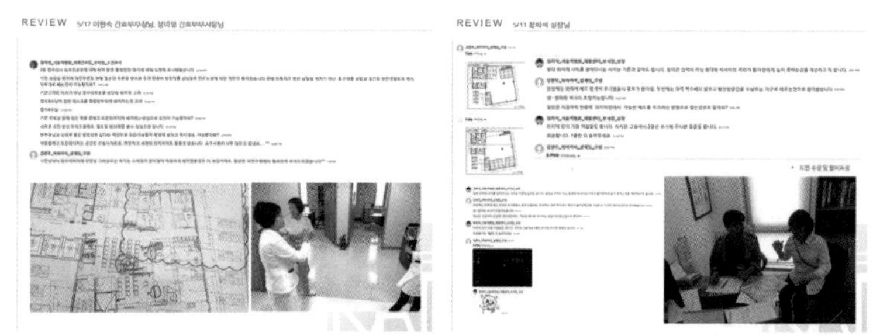

실질적인 사용자와 직접 인터뷰하여 실제 속마음을 꿰뚫어 디자인 맥락을 파악해야 한다.

것들을 떠올리게 된다. '넓은 진료실'이라거나 '직원 전용 화장실' 등의 요구사항들이 나온다. 그런데 질문을 바꿔서 지금 가장 불편한 점이 무엇인지를 묻는다고 하자. 비슷한 듯 다른 질문에 답도 미세하게 달라진다. '넓은 진료실'은 '온종일 한곳에서 근무하는 답답함'이라는 답으로 또 '직원 전용 화장실'은 '환자와 방문객으로부터 분리된 장소에 대한 욕구'로 변화되는 것이다. 여기서 세부적인 공간의 구상에 대한 방향과 해답들이 나오게 된다.

넓은 진료실에 대한 요구는 여건상 수렴하기 어려울 수 있다. 그러나 넓은 진료실에 대한 진짜 욕구가 답답함을 해소하는 것이라면 디자인으로 해결할 수 있다. 천장을 높이고, 색채와 조명을 밝게 하고, 가구 배치를 바꾸는 것만으로도 공간감이 커지고 감정이 달라진다. 마찬가지로 직원 전용 화장실도 시설 확보가 어려울 수 있다. 그러나 진짜 니즈가 '전용 공간에 대한 욕구'라면 꼭 화장실이 아니라도 휴게실 등 다른 용도에서 사용자를 위한 전용 공간을 마련함으로써 불만을 해소하고 욕구를 어느 정도 충족해줄 수 있다.

또 사람들이 잘 이야기하지 않는 것이 있다. 바로 '현재 만족하는 공간 경험'이다. 워크숍이든 인터뷰든 사용자는 대부분 개선해야 할 문제에 집중한다. 그런데 리모델링 디자인은 미래의 공간을 그리는 것이다. 현재의 공간 경험을 입체적으로 알지 못하면서 지금보다 더 나아진 공간을 만들 수 없다.

그래서 인터뷰 중 반드시 '이제 좋았던 부분에 대해서도 말씀해 주세요.'라고 요청한다. 그럼 그제야 어떤 공간에서 좋은 경험을 하는지 생각하기 시작한다. 편안함이란 원래 특별히 의식하기 쉽지 않으므로 오히려 중요하게 다뤄지지 않을 수 있다. 이렇듯 사용자 마음속에 잠재된 욕구를 찾아 실타래 끝을 잡고 잡아당기듯 이야기를 따라가다 보면 창의적 아이디어를 찾게 된다. 혁신이라 불리는 성과들은 모두 이런 과정을 통해 만들어진다.

8.
모두가 만족할 순 없어도 동의할 수는 있다

문제의 원인을 찾았지만 솔루션은 아니었다

30센티미터는 성인의 손으로 두 뼘이 채 되지 않는 길이다. 그런데 현장에서는 30센티미터의 선을 어느 방향으로 긋느냐를 두고 사용자들의 치열한 기 싸움이 펼쳐지기도 한다. 공간을 줄이고 늘리는 문제는 모두에게 매우 민감한 이슈다. 수학과 논리보다 심리와 감성이 작동한다.

제주한국병원 리모델링 현장에서도 같은 문제가 발생했다. 이 병원은 제주도에 설립된 최초의 종합병원이다. 오랜 역사를 버텨온 건물은 고치고 바꿔야 할 곳이 많았다. 1, 2층 로비와 외래진료부, 수술실, 응급실, 중환자실 등 전체 리모델링을 진행하는 데 무려 3년이 소요되었다.

대부분 종합병원이 그렇듯 당시 가장 해결이 시급했던 문제는 외래진료부의 공간 부족이었다. 수십 년 동안 공간은 변화가 없는

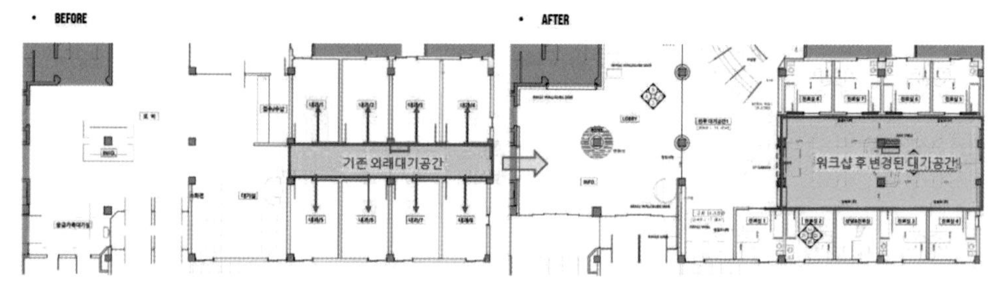

전과 후. 코크리에이션 워크숍을 통해 내과 의사들의 암묵적 합의로 대기실이 확보된 사례

데 환자는 꾸준히 증가해 대기실의 수용 능력이 한계에 도달했다.

증축이 아니라 리모델링으로 외래진료부의 대기실을 확장할 수 있을까? 다행히 여유 공간을 찾았다. 외래진료부에서 진료실 면적이 전체 공간 대비 넓은 것을 확인했다. 이는 처음 병원 설계 시 의사 중심의 관점으로 디자인되었기 때문이다. 여하튼 확장할 공간이 없다면 골치 아픈 상황이 되었겠지만 진료실 크기를 줄이면 대기실을 넓힐 수 있었다. 그런데 해결책은 간단해도 쉬운 솔루션은 아니었다.

당시 병원 식구 모두 외래진료부의 공간 부족을 심각한 문제로 인식하고 있었다. 하지만 진료실 면적을 줄이는 방식에 대해선 누구도 생각하지 못했다. 넓은 방을 쓰는 의사들뿐만 아니라 다른 구성원들도 마찬가지였다. 오랫동안 그 공간에 익숙해졌기 때문이다. 그런데 막상 도면을 보여주고 당신의 공간을 이만큼 양보해달라고 할 때 설득하기 쉽지 않다는 걸 경험을 통해 잘 알고 있었기에 고민이 많았다.

이미 사용하고 있는 공간이 다른 이들의 공간보다 더 크다는 사실을 알아도, 줄여달라는 요구는 손해를 강요당하는 것으로 받아들일 수 있다. 공간에 대한 인식은 물리적 크기만큼이나 심리적 크기가 중요하다. 직접 눈으로 도면을 보면 공간의 여유를 부정할 수 없지만 심리적으로는 그만큼 넓다고 느껴본 적이 없기 때문이다. 사용자가 느끼는 공간 크기의 기준은 숫자가 아니라 마음이다.

하지만 설득이 안 된다고 해서 디자이너가 전문성을 내세워 일방적으로 도면을 그리고 사용자는 정해진 대로 따르게 하는 건 바람직하지 않다. 일의 진행은 수월하겠지만 공간에 대한 사용자 만족도가 기대에 미치지 못하게 되고 결국 불만이 누적되기 때문이다. 어떻게 하면 합의를 유도할 수 있을까? 코크리에이션 워크숍에 기대를 걸었다.

도면에 양보와 공감을 담아 공간을 통해 풀어낸다

워크숍 프로그램에는 병원 내 다양한 직군의 구성원들이 한 팀이 되어 직접 도면을 그리는 시간이 있다. 각자 이해가 다른 사용자들이 힘을 합쳐 어떻게든 도면을 완성해야 한다. 외래진료부의 대기실을 왜 넓혀야 하고 어떻게 넓힐 것인가를 두고 치열한 토론이 벌어졌다. 병원 디자인의 목표는 진료 환경의 개선이다. 즉 환자 경험의 증진이 가장 우선된다. 워크숍은 넓은 방의 사용자들이 왜 자신들의 공간을 양보해야만 하는지 머리가 아니라 마음으로 이해하는 시간이다. 실제로 워크숍 초반에 방관자적 태도를 보이

제주한국병원 로비 리모델링 전과 후. 정면으로 보이는 창문을 보면 알 수 있듯이 진료실 사이가 의자 하나를 간신히 놓을 만큼 답답했으나 리모델링 후 확 트인 대기실이 되었다.

던 의사들이 주도적으로 진료실을 줄이는 솔루션을 내놓았다. 이런 결과는 제주한국병원뿐만이 아니다. 어느 워크숍이든 반드시 '양보'와 '공감'이 담긴 도면을 만들어낸다.

이후 디자이너의 진짜 역할이 시작된다. 사용자들의 양보와 배려를 공간의 가치로 풀어내야 한다. 물을 적게 쓰기 위해 수도 밸브를 조이고, 다이어트를 위해 식사량을 줄이는 건 디자인 솔루션이 아니다. 물을 적게 쓰는 새로운 생활 루틴을 만들고 건강을 고려한 식단을 설계함으로써 삶의 질이 낮아지지 않도록 방법을 제시해야 한다.

진료실 크기를 줄여 대기실을 확장했다면 공간이 줄어든 진료실 환경을 동시에 개선해야 한다. 하루에 수백 명의 환자를 진료하는 의사들의 심리적 편안함을 고려한 디자인이 필요하다. 옛 건물이라 층고가 낮은 한계가 있었지만 최대한 천장을 높였다. 그리고 한 명의 의사가 두 개의 진료실을 오가며 진료할 수 있도록 T자형 진료실을 도입했다. 진료실 뒤편에 마련된 개인 공간에서 잠시 쉴 수 있고, 한 장소에서 장시간 일하는 답답함을 해소하는 데도 효과적이다.

코크리에이션 워크숍은 사용자가 공감하는 디자인을 위한 전략적 도구다. 문제를 해결할 가장 적절한 답은 이미 디자이너의 머릿속에 있다. 전문가들이 찾아내는 답은 대단히 효율적이다. 그러나 효율성이 반드시 옳은 것은 아니다. 사용자의 공감 없는 효율성은 좋은 공간을 만들지 못한다. 사용자 공감을 기반으로 완성된 설계는 끝까지 그 방향이 유지되는 경우가 훨씬 많다. 리모델링 현장은

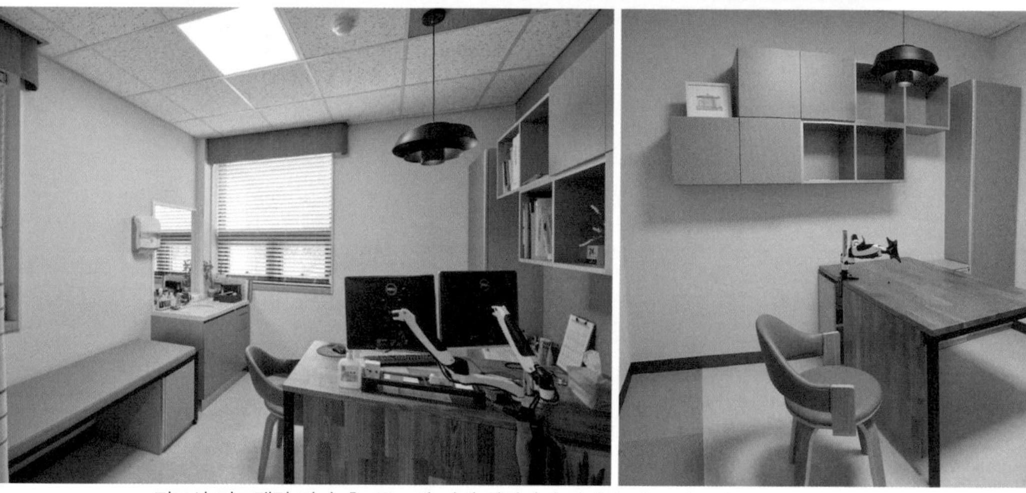

진료실 리모델링 전과 후. 규모에 비해 정리되지 않았던 기존 진료실을 작지만 같은 비율의 공간으로 최적화한 후 모듈러 가구를 놓아 진료 환경이 깔끔하게 정돈되었다.

매우 다이내믹하다. 예상치 못한 순간에 현장 환경이 바뀌고 불쑥불쑥 새로운 요구들이 튀어나오기도 한다. 방향을 잘 잡았다고 생각해도 시행착오가 발생하는 곳이 현장이다.

이때 사용자 모두의 생각을 끝까지 최대한 하나로 잡아가는 것이 디자이너의 가장 중요한 역할이다. 롤러코스터를 타는 듯한 변화무쌍한 과정을 거쳐 공간이 완성되었을 때 물어야 할 질문은 단 하나다.

"공간 디자인을 통해 과연 사용자 경험이 더 나아졌는가?"

• 3부 •

[서비스 디자인]

공간 디자인은 경험 디자인이다

1.
공간은 어떻게 생각과 행동을 바꾸는가

공간 설계로 사람들의 행동을 바꿀 수 있다

'병실의 가구 배치만으로 환자들이 더 자주 책을 읽고 더 많은 대화를 나누게 할 수 있을까?'

1957년 영국의 정신과 의사 험프리 오스몬드Humphry Osmond는 실험을 통해 답을 찾았다. 그는 병실의 침대 위치를 바꾸고 작은 테이블과 의자를 놓는 것만으로도 환자들의 대화가 2배, 독서가 3배 증가한다는 사실을 알아냈다.

험프리 오스몬드는 환각제라는 단어를 만들고 환각제에 관한 여러 유용한 프로그램을 연구한 학자로서 특히 정신병원의 복지와 공간이 회복에 미치는 영향을 탐구했다. 1951년 영국을 떠나 캐나다 서스캐처원주의 웨이번Saskatchewan Weyburn 정신병원으로 옮긴 후 다양한 연구를 진행했다. 그중 대표적인 성과가 '사회건축Socio-architecture' 이론이다. 공간 설계가 사람들의 사회적 행동에 영향을 미치고 가구나 구조물의 배치에 따라 사람들을 분산하거나 혹은 모이도록 할 수 있다는 이론이다. 가령 공항 라운지나 기차역 대합실 등은 사람들이 한곳에 집중되지 않고 흩어져 각각의 행선지 출구 근처에 모이도록 설계된다. 최대한 서로 시선이 마주치지 않도록 개인 영역이 확보된 배치다. 상호작용을 방해하는 패턴으로 설계된 이사회적sociopetal 공간이다. 반면 광장 등의 공간은 중앙 분수, 노천카페 테이블, 계단식 의자 등을 배치해 사람들이 모일 수 있도록 집사회적sociofugal 공간으로 설계된다. 이런 공간에서는 대화와 상호작용이 일어난다. 집단 상담이나 커뮤니티 공간에서 대화를 유도할 수 있도록 수평적 시선을 머물게 하는 배치 방법이다.

험프리 오스몬드는 침대, 테이블, 의자를 활용해 공간을 집사회적 패턴으로 설계했다. 즉 사람들이 자연스럽게 모여 대화를 나누고 테이블과 의자에 앉아 책을 읽도록 유도했다. 사회건축 이론은 공간을 어떻게 설계하느냐에 따라 사람들의 사회적 행동을 특정 방향으로 유도할 수 있다는 사실을 증명했다. 공간 디자인에서 사회건축 이론과 서비스 디자인이 중요하게 고려되는 이유다.

서비스 디자인은 무형의 경험과 느낌을 디자인한다

일반적으로 디자인은 대부분 '유형'의 결과물로 인식된다. 하지만 디자인은 인간의 감성을 만족시키는 '무형'의 경험과 서비스, 인식, 행동, 상호작용, 문화, 시스템 등 보이지 않는 영역을 모두 포함한다. 1991년 미하엘 에를호프Michael Erlhoff 쾰른국제디자인스쿨

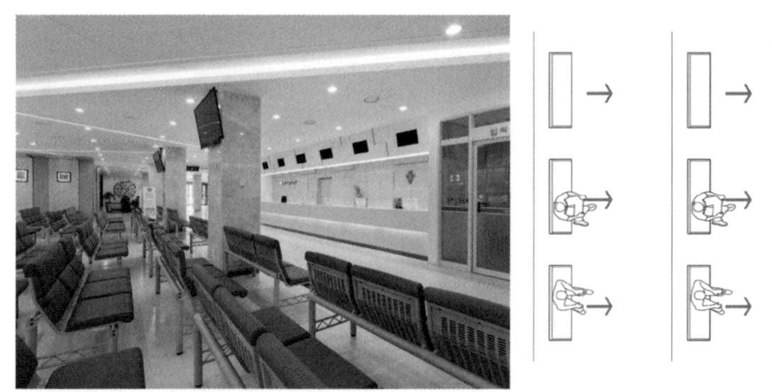

이사회적 공간 설계. 대기공간에서 서로의 시선을 의식하지 않도록 한쪽 방향을 보거나 다른 방향으로 시선을 유도하도록 의자를 배치한 사례
(출처: 청주 성모병원, 노태린앤어소시에이츠)

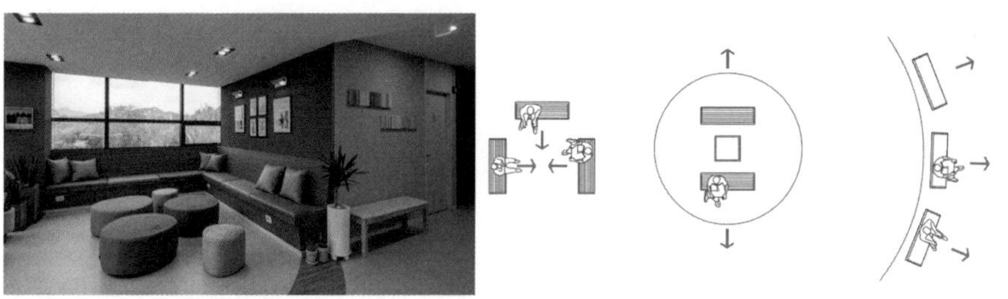

집사회적+이사회적 공간 설계. 집사회적 공간과 이사회적 공간을 혼합하여 좌석을 배치했다. (출처: 더탑재활의학과, 노태린앤어소시에이츠)

교수는 '서비스 디자인'이라는 용어를 만들었다. 서비스 디자인은 서비스를 제공하는 과정에서 사용자가 접하게 되는 정보의 전달 체계나 물건의 배치 등을 개선해 접근성과 만족도 등 효용을 높이는 작업이다. 이러한 서비스 디자인 개념은 사람들의 경험과 느낌을 토대로 개발된 솔루션이 좋은 기억을 갖게 하고, 결국 지속적인 서비스 이용으로 이어진다는 생각에서 출발했다.

서비스 디자인이 문제를 해결하는 방식을 잘 보여주는 친근한

괄호라인 프로젝트 예시 사례

예로 '괄호라인 프로젝트'가 있다. 버스정류장에서 길게 줄을 선 사람들이 보도를 가로막아 보행자들이 겪는 불편과 혼잡을 해결하는 방법으로 보도 바닥에 괄호와 화살표를 그려서 버스를 기다리는 사람들이 괄호 사이에 화살표가 그려진 부분을 비워두도록 유도했다. 그러자 안내판 하나 세우지 않았는데도 사람들은 놀라울 정도로 빠르게 적응했다. 정류소에 도착하면 알아서 괄호 밖으로 줄을 섰다. 길을 지나는 보행자의 불편함이 줄었고 버스를 기다리는 사람들도 불편을 느끼지 않았다. 이렇게 서비스 디자인은 보이지 않는 문제를 직관적으로 인식하도록 가시화하고 자연스럽게 행동의 변화를 유도한다.

또한 서비스 디자인은 보이지 않는 마음을 읽고 드러나지 않는 욕구를 서비스로 개발해 자연스럽게 사용자의 행동을 유도함으로써 만족도를 극대화한다. 미국 뱅크오브아메리카BOA의 '잔돈을 넣어두세요Keep the Change' 캠페인이 좋은 예다. 2005년 뱅크오브아

메리카는 이자와 수수료 혜택만으로 저축계좌를 늘리는 데 한계에 도달했다. 새로운 상품 개발과 신나는 저축 캠페인이 필요했고 이 프로젝트를 아이디오에 맡겼다. 아이디오 디자인팀은 소비자 행동을 관찰하여 사람들이 물건 구매 후 잔돈 처리를 귀찮아하는 심리를 포착했다. 그 귀찮음을 해결하는 서비스로서 잔돈을 대신 예금해주는 상품을 개발했다. 쇼핑 시 결제 금액 중 달러 이하 단위의 잔돈을 반올림해서 결제하면 그 차액을 예금계좌로 옮겨주는 서비스다.

4,500원짜리 커피를 사서 5,000원을 결제하면 500원이 자동으로 내 계좌에 저축되는 방식이다. 현금계산 시 동전을 만들 필요가 없고 카드 결제여서 계산이 번거롭지 않았다. 캠페인 결과는 놀라웠다. 서비스 첫해에만 250만 명이 새로 가입했고 총 1,200만 명의 신규고객을 유치했다. 고객 유지율은 무려 99%에 달했다.

공간 디자인의 본질은 공간에서 사용자가 느끼고 생각하고 반응하는 '경험'을 디자인하는 것이므로 곧 서비스 디자인이다. 세탁기 디자인의 본질은 세탁의 경험을 디자인하는 것이고, 호텔 디자인은 휴식의 경험을 디자인하는 것이고 의료 공간 디자인은 회복과 치유의 경험을 디자인하는 것이다.

의료 공간 설계에 서비스 디자인을 적용하는 건 이제 특별한 이야기가 아니다. 공간 환경이 질병의 치유와 회복의 과정에 미치는 영향이 매우 큼에 따라 병원 디자인은 미적 요소라기보다 건강 관리 영역으로 이해되어야 한다. 병원에서 보고 듣고 냄새를 맡고 느끼고 만나고 대화하는 상호관계와 이로 인해 형성되는 감정까지 보이지 않는 모든 경험이 의료 공간 디자인 영역에 포함된다.

서비스 디자인은 디자인 프로젝트에 연관된 이해관계자에 대한 심층적 연구, 협업, 그리고 디자이너의 통찰을 통해 결과적으로 사용자 요구와 필요에 맞는 변화를 만들어낸다. 이렇게 탄생한 혁신이 지속적으로 유지되려면 서비스 제공자는 현상을 보는 관점의 변화, 즉 서비스 디자인적 사고를 체화할 필요가 있다. 독일의 도이체방크는 은행 내 고객의 공간 경험에 관한 연구를 위해 특별한 장소를 만들어 운영한다. 인테리어와 고객 서비스를 수시로 바꾸며 현장의 변화를 관찰한다. 소파의 위치를 바꿨을 때, 커피를 제공하는 방식을 바꿨을 때, 반려동물을 위한 서비스를 새로 도입했을 때 고객의 변화를 파악하고 분석해 서비스 개선에 반영한다.

사람의 마음은 보이지도 않을 뿐만 아니라 계속 움직인다. 그 마음의 방향을 읽지 못하면 사용자 경험을 이해하기 어렵다. 서비스든 공간이든 사용자의 요구에 맞게 바꾸면 그것이 곧 혁신이다. 어떻게 공간을 바꾸면 좋을까? 정해진 답은 없다. 다만 사용자 관점에서 꾸준히 유지하는 노력으로 더 나은 공간을 변화시켜 나갈 수 있다.

2.
병원에서 디자인센터를 만들고 있다

왜 병원에 디자인센터가 필요한가

'어느 병원에 가야 하지?'

갑자기 병원에 가야 할 일이 생겼다고 하자. 사람들은 어떤 기준으로 병원을 선택할까. 평소 다니던 곳이든, 지인의 추천을 받든, 인터넷의 후기를 보든 선택에 직접적 영향을 미치는 건 '경험'이다. 예약이 어렵다거나, 진료 결과가 만족스럽다거나, 의사와 간호사가 불친절하다거나, 대기실이 불편하다거나, 하다못해 주차 서비스가 나쁘다는 등 병원에 대한 인상을 만드는 경험은 상당히 다양하다. 환자 경험은 환자가 겪는 질병의 고통뿐만 아니라 치료 과정에서 겪는 불안감, 불쾌감, 우울감, 공포, 분노, 희망, 기대 등 보이지 않는 마음속 감정이 대부분을 차지한다. 따라서 환자 경험을 이해한다는 말은 환자의 사고로 생각하고 환자의 마음에 공감한다는 것을 의미한다.

메이요클리닉의 공간들. (출처: Wikimedia Commons[4, 5])

의료 선진국들은 일찌감치 환자 경험의 중요성을 인식했다. 환자 경험이 치유 효과에 직접 영향을 미친다는 사실을 확인했기 때문이다. 병원들은 자체적으로 디자인센터를 설립하고 공간 디자인과 의료 서비스 설계에 적극적으로 '환자 경험 개선을 위한 서비스 디자인' 개념을 적용하고 있다.

가장 대표적인 기관은 의료계 서비스 디자인의 성지인 메이요클리닉Mayo Clinic이다. 미국의 비영리 의료기관으로서 세계 최초로 환자 중심 디자인을 연구하는 혁신센터CFI, Center for Innovation를 설립했다. 의사, 건축가, 인류학자, 심리학자, 그리고 디자이너가 핵심 인력으로 근무하는 혁신센터CFI는 진료 프로세스는 물론이고, 환자 중심 의료 공간의 혁신모델을 만들어냈다.

메이요 클리닉의 철학은 '모든 환자가 병원 문을 들어서는 순간 치료가 시작된다.'라는 것이다. 이곳에 가면 현관 입구에서부터 환자 경험 관리가 무엇인지 자연스럽게 터득하게 된다. 로비는 최고급 호텔이 부럽지 않은 편의시설이다. 넓은 공간의 모든 의자는 쿠션이 있어 편안하다. 세계적인 미술가의 그림과 조각을 전시하고 있어 작품 감상을 위한 가이드 투어도 진행된다. 고급스러운 인테리어는 환자들에게 특별하게 대우받는 듯한 느낌을 주기에 충분하다.

메이요클리닉의 진료실은 환자 중심 의료 공간의 공식이라고 할 만하다. 의사, 환자, 보호자가 함께 모니터를 보며 의료 정보를 공유하는 구조와 T자형 진료실 등은 모두 혁신센터CFI를 통해 탄생한 모델이다. 특히 하나의 검사실과 양측에 두 개의 대화방으로 이뤄진 '잭과 질의 방Jack and Jill-rooms'은 환자의 편안함과 진료의 편의성뿐만 아니라 경영의 효율성까지 높인 혁신적 디자인이다. 진료실은 대부분 상담과 검진이 함께 이뤄지는 구조다. 그러나 실제 진료실에서 검진이 함께 이뤄지는 경우는 많지 않다. 혁신센터CFI는 진료실에서 상담과 검진을 분리하고 대화방을 늘림으로써 더 많은 환자가 방문할 수 있는 시스템을 구축했다.

채혈을 무서워하는 어린이 환자를 위한 채혈 의자도 혁신센터CFI에서 개발했다. 채혈하는 동안 음악을 듣거나 재미있는 애니메이션을 보도록 의자에 아이패드를 부착하거나 진료실에 프로젝터 스크린을 장착함으로써 어린이 환자의 주의를 분산하는 효과가 있다. '환자 경험 서비스 디자인' 원칙은 공감이다. 혁신센터CFI의 모든 프로젝트는 2만 시간 이상 환자와의 소통과 공감을 통해 이뤄진다.

메이요클리닉의 혁신모델은 국내 병원들의 벤치마킹 모델이다. 서울아산병원은 2013년 이노베이션디자인센터IDC, Innovation Design Center를 열었다. 인간 중심의 경험 디자인Human-Centered Experience Design을 추구하는 이노베이션디자인센터IDC의 대표적인 성과는 '수술 전 불안감 감소 프로젝트'다. 수술을 앞둔 환자의 불안감을 낮추기 위해 수술대기실을 전면 개선했다. 우선 개인 방을 마련해 환자가 안정감을 느끼도록 했다. 환자의 침대가 들어오면 자동으로 조명이 켜지고 타이머가 작동해 대기시간을 알려준다. 또 침대를 사선으로 배치해 환자가 의료진의 시야를 벗어나지 않도록 함으로써 환자들이 수술 전에 세심하게 배려받고 있음을 느끼고 보다 편안한 마음을 유지할 수 있도록 했다.

세브란스병원의 창의센터CCM, Center for Creative Medicine는 병원 내부에 환자를 포함한 가족이 외식을 할 수 있는 공간을 만들었다. 외출이 어려운 암 환자들이 가족과 맛있는 식사 한 끼를 원하는 마음을 이해한 결과다. 서울의료원의 시민공감서비스디자인센터HUDC, Human Understanding Design Center는 공공병원에 처음 생긴 서비스디자인센터다. 공공 의료 서비스 경험의 개선을 목표로 하는 여러 프로젝트를 진행한다. HUDC가 제작한 서비스 디자인 가이드북은 서울시동부병원 등의 응급실 리모델링에 그대로 적용되

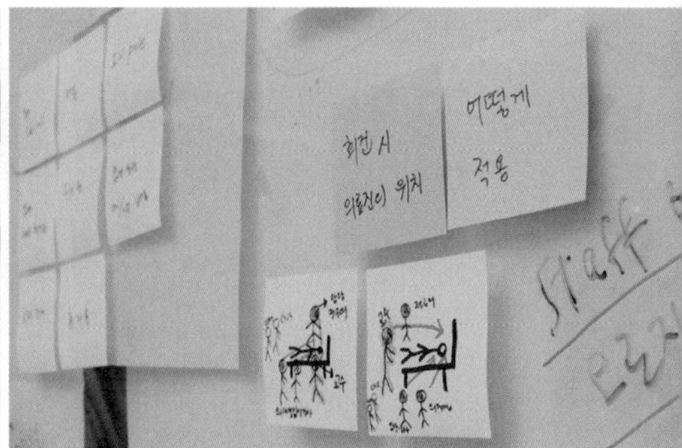

서울아산병원 이노베이션디자인센터

었다. 이외에도 고려대학교 안암병원이 K-inno디자인센터를 열었고, 명지병원은 업계 최초로 환자공감센터, 케어서비스디자인센터, 예술치유센터 등 환자 경험과 서비스 디자인을 주관하는 부서를 만들었다.

라이프스타일 케어 이후 환자 경험이 중요해지고 있다

공간 디자이너로 활동한 대부분 시간을 병원 리모델링 현장에서 보냈고, 의료 공간 트렌드의 변화 과정을 직접 경험했다. 과거 의료 서비스는 아픈 환자를 치료하는 데 집중했다. 첨단의료 기술의 등장과 함께 고도화된 의료 서비스가 등장했고 진료 만족도 역시 높아졌다. 하지만 의료 패러다임이 다시 변화하고 있다. 병을 치료하는 고유 역할은 물론이고 치료 과정에서 삶의 질과 건강한 삶을 위한 라이프스타일 케어가 의료 서비스 영역으로 들어왔다.

사실 리모델링 현장에서 환자 경험 관리의 중요성을 모르는 의뢰인은 드물다. 하지만 경영의 효율성을 무시할 수 없는 병원의 현실에 발목이 잡히곤 한다. 그래서 더욱 서비스 디자인적 사고가 필요하다. 공급과 수요의 경영적 관점이 아니라 사용자 관점으로 공간을 보면 전혀 다른 솔루션이 보인다.

흔히 고급스러운 인테리어의 병원에서 환자 경험이 크게 좋아질 것으로 생각한다. 하지만 실제로 환자들의 마음과 정서에 영향을 미치는 건 따뜻하고 밝고 편안한 분위기의 시각, 청각, 후각의 감각과 소통의 분위기다. 병원 브랜드는 고급 인테리어와 좋은 가구보다 의료 프로세스의 개선과 사용자 중심 디자인의 적용으로 만들어진다. 의료 공간은 어느 분야보다도 환자의 심리를 어루만지고 배려가 충분한 공간이어야 한다. 환자 경험 서비스 디자인은 의료의 본질에 충실하려는 노력이고 미래 병원의 경쟁력을 결정짓는 핵심 요소다.

3.
보이지 않는 서비스를 공간에 담는다

열차 여정 지도를 그리듯 환자 여정 지도를 그린다

1999년 미국 여객철도 운영기관 암트랙Amtrak은 고속열차 아셀라Acela의 객실 디자인을 아이디오에 의뢰했다. 아이디오가 가장 먼저 한 일은 짐을 꾸려 기차를 타는 거였다. 고객이 열차 여행을 하며 무엇을 경험하는지 직접 체험하고 파악하기 위해서다. 이들은 체험을 통해 열차 여행의 과정을 10단계로 나눌 때 고객이 실제 열차에 올라 객실에 앉는 순간, 그 순서가 8번째라는 사실을 알게 되었다.

고객은 여행 관련 정보를 학습하는 것부터 열차 여행의 경험으로 인식했다. 여행 계획을 세우고 기차역으로 출발하고 역에 도착하고 표를 구매하고 열차를 기다리고 열차에 오르고 열차를 타고 가서 목적지에 도착하면 그때부터 본격적인 여행을 시작한다. 만약 고객이 열차 여행을 하는 단계 중에서 기분 나쁜 경험을 했다고

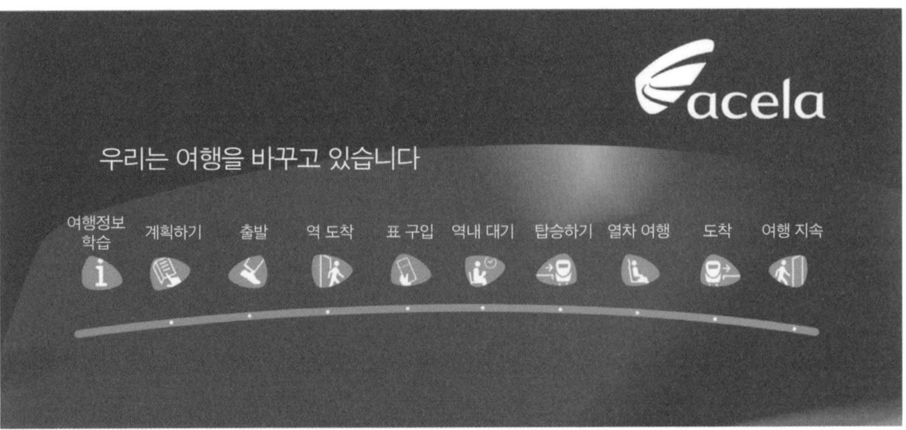

고객의 열차 여정 지도. 아이디오는 고객의 열차 여행의 과정을 10단계로 나누었다. 1단계는 여행정보 학습, 2단계는 여행 계획, 3단계는 출발, 4단계는 역 도착, 5단계는 표 구입, 6단계는 역내 대기, 7단계는 열차 탑승, 8단계는 열차 여행 중, 9단계는 목적지 도착, 10단계는 여행 지속이다. (출처: IDEO/Michael Thibodeau, Creative Director)

하자. 고객은 열차 여행을 좋은 기억으로 간직하지 않을 것이다. 따라서 열차 객실을 편안하고 안락하게 만드는 것만으로는 고객 경험을 높일 수는 없다.

아이디오가 고객 경험을 이해하기 위해 사용한 서비스 디자인 도구가 바로 '고객 여정 지도Customer Journey Map'다. 서비스를 이용하는 전체 과정을 시간순으로 나열해 각각의 경험에 대한 감정과 이유를 기록하고 그 순간들을 그래프로 연결하면 고객 경험이 매우 낮은 순간을 확인하여 이를 개선할 솔루션을 찾을 수 있다.

서비스 디자인을 적용한 의료 공간 디자인도 이와 같다. 환자 중심 공간 디자인을 이야기할 때 발생하는 흔한 오해 중 하나가 환자 경험에 대한 것이다. 대부분 병원이라는 공간에서 형성되는 경험으

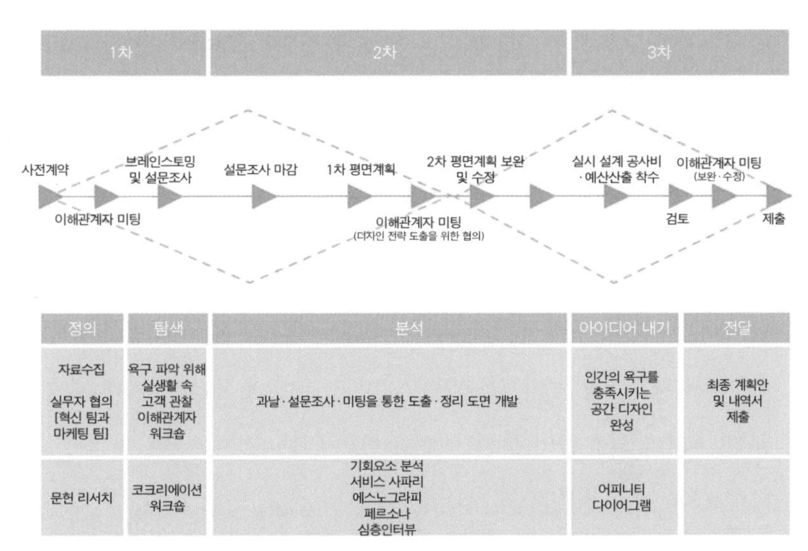

서비스 디자인 프로세스로 진행되는 의료 공간 설계 디자인의 발전 단계[6]

로 이해하지만 환자 경험은 훨씬 복잡한 맥락으로 형성된다. 따라서 다양한 서비스 디자인 도구를 활용해 환자 경험을 이해하는 과정을 거친다. 여러 정보를 통합한 '환자 여정 지도Pain point Journey Map'를 통해 환자 경험을 분석하고 디자인 솔루션을 찾게 된다.

서비스 디자인의 다양한 도구들을 입체적으로 활용한다

환자 경험을 조사하는 여러 기법 중 기본은 문헌 리서치다. 다양한 사례와 논문 등 문헌을 조사한다. 하지만 가장 중요한 건 역시 현장 리서치다. 에스노그라피ethnography, 타운워칭town watching, 섀도잉shadowing 등의 여러 방법이 사용된다.

에스노그라피는 관찰 조사(참여관찰)로 현장의 사용자 행동을 관찰하는 것을 말한다. 타운워칭은 장소 중심 관찰법이다. 현장에 나타나는 현상들을 통해 소비자의 욕구를 파악한다. 단순히 외관을 보는 수동적 관찰seeing이 아니라 특정 공간을 구성하는 다양한 요소들이 창조하는 이미지 등을 관찰해 트렌드를 읽어낸다(한국디자인진흥원, 2013). 섀도잉은 사람 중심 관찰법이다. 디자이너가 직접 환자 뒤를 따라 추적 관찰을 한다. 의료 서비스 전 과정에서 발생하는 사건과 감정 등의 원인을 파악하는 것이 목적이다. 이때 환자뿐만 아니라 의료진의 불편 요소도 함께 진단한다.

또 다른 조사 방법으로 서비스 사파리service safari가 있다. 디자이너가 환자가 되어 직접 현장의 서비스를 체험함으로써 디자인적 사고로 문제점과 기회 요소를 찾아내는 과정이다. 대화를 통한 관찰 도구로서 프로브probe도 자주 활용된다. 프로브는 수사, 탐사를 뜻한다. 사용자가 직접 자신의 의견과 감정, 기대를 표현하는 과정이다. 사용자에게 사전에 수첩, 카메라, 이미지 콜라주를 위한 도구, 엽서, 스티커 등을 전달하여 사용자가 일정 기간 일상에서 프로브 과제를 수행하고 기록하면 디자이너가 해석한다.

페르소나persona 방법론은 서비스 개발 전 환경과 사용자 이해를 위해 페르소나, 즉 가상의 표준 사용자를 설정해 고객 경험을 이해하는 방법이다. 가상의 이름, 목표, 평소에 느끼는 불편함, 그 인물이 가지는 필요 니즈 등으로 미리 페르소나를 설정하여 페르소나가 특정 상황과 환경에서 어떻게 행동할 것인지를 예측하게 된다. 가령 여성 암 전문 병원의 디자인 계획이라면 50대 유방암

서비스 디자인의 여러 도구들

종류	뜻
에스노그라피 Ethnography	관찰조사(참여관찰)로서 현장의 사용자 행동을 관찰하는 방법
타운워칭 Town Watching	장소 중심 관찰법. 현장에 나타나는 현상들을 통해 소비자의 욕구를 파악하는 방법
섀도잉 Shadowing	사람 중심의 관찰법. 디자이너가 직접 환자 뒤를 따라 추적 관찰하는 방법
서비스 사파리 Service Safari	디자이너가 환자가 되어 직접 현장의 서비스를 체험하고, 디자인적 사고로 문제점과 기회 요소를 찾아내는 과정
프로브 Probe	사용자가 직접 자신의 의견과 감정, 기대를 표현하는 과정
페르소나 Persona	가상의 표준 사용자를 설정해 고객 경험을 이해하는 방법
심층 인터뷰 Depth Interview	대화를 통해 사용자의 니즈를 파악하는 방법
코크리에이션 워크숍 Co-creation Workshop	사용자 그룹의 현장 지식과 고유한 창의력을 디자인 과정에 적극적으로 활용할 수 있는 수단
어피니티 다이어그램 Affinity Diagram	추출된 정보들을 유사한 개념끼리 묶어 배열하는 과정

환자, 3기, 자녀 유무, 투병 기간, 5년 생존 목표, 항암치료로 인한 탈모 증세에 따른 스트레스 정도, 유방 절제에 대한 공포 등 매우 구체적으로 가상의 인물을 설정한 다음 페르소나가 병원 공간과 치료 과정에서 겪게 되는 불편함과 감정적 변화를 예측한다.

심층 인터뷰depth interview는 대화를 통해 사용자의 니즈를 파악하는 것이 주요 목표다. 이때 사용자도 인식하지 못하는 니즈를 판단하기 위한 특별한 질문의 기술이 필요하다. 코크리에이션 워크숍은 사용자 그룹의 현장 지식과 고유한 창의력을 디자인 과정에 적극적으로 활용할 수 있다. 전 사용자가 직접 디자인 과정에 참여한다는 데 가장 큰 의미가 있다.

관찰, 대화, 조사를 거친 자료는 어피니티 다이어그램affinity diagram으로 분석한다. 어피니티란 좋아함, 밀접함을 뜻한다. 에스노그라피, 사파리, 인터뷰, 코크리에이션 워크숍 등을 통해 추출된 정보들을 유사한 개념끼리 묶어 배열하는 과정이다. 이를 통해 개별 정보일 때는 생각하지 못했던 연결점을 찾게 되고 새로운 통찰을 얻게 된다.

병원 리모델링에 이처럼 다양한 디자인 리서치 수단을 활용하는 것은 우리가 아는 것은 알지만, 정작 무엇을 모르는지는 모르기 때문이다. 지식과 경험이 풍부한 전문가라고 해도 자신이 경험하지 않은 것에 대해서는 모르고 있다는 사실조차 알지 못한다. 문제를 해결하려면 무엇이 문제인지를 정확하게 진단해야 한다. 이는 '무엇을 모르고 있는지'를 파악하는 것에서 출발한다.

가령 독거노인을 위한 시설을 건축한다고 하자. 이들의 삶을 경험해보지 못한 건축가와 디자이너는 독거노인을 직접 만나야 한다. 하지만 인터뷰만으로 중요한 정보를 얻기는 어렵다. 독거노인의 삶을 경험하지 못했기에 인터뷰에서 무엇을 질문해야 하는지 알기 어렵다. 대답해야 하는 사람도 어렵긴 마찬가지다. 자신의 마음속 니즈를 정확하게 인지하는 사람은 많지 않다.

사용자에 대한 이해는 사용자의 관점을 이해할 때 가능하다. 다양한 방법을 활용해 조사하고 종합하고 분석하는 입체적 접근을 통해서만 비로소 '환자 경험'을 이해하는 단계에 도달한다. 환자 중심의 의료 서비스를 설계하고 치유 공간을 만드는 일은 이토록 까다롭고 복잡한 과정을 거쳐 비로소 완성된다.

4.

병원 사파리를 통해 환자 발길을 따라 걷는다

서비스 디자인의 핵심 요소는 환자 여정 지도다

공간 디자이너는 하루 1만 보 정도는 거뜬히 걷는 체력이 기본이다. 더 좋은 답을 찾을 때까지 현장을 보고 듣고 걷고 대화하는 일을 수없이 반복한다. 하지만 현장에서 답을 찾는 과정은 단지 부지런한 발품이 전부가 아니다. 다양한 조사 도구를 활용해 추상적 요소들을 분석하고 추출한 과학적 데이터를 기반으로 디자인을 완성해낸다. 병원 리모델링을 시작한 후 디자인 프로세스에 반드시 포함하는 과정은 코크리에이션 워크숍, 맥락 인터뷰, 사파리를 통해 치밀하게 정리된 환자 여정 지도를 만드는 것이다.

몇 해 전 진행한 모 정형외과 병원 리모델링은 의료 서비스 재설계와 장기 비전의 설정이라는 묵직한 과제를 수행하는 프로젝트였다. 상당히 규모가 큰 병원인지라 지역에서 명성도 높았다.

리모델링 프로젝트의 시작은 서비스디자인팀을 구성하는 것이다. 공간 디자이너, 건축설계사, 서비스 디자인 전문가, 사용자 경험UX 디자인 전문가, 브랜딩 전문가, 디자이너를 포함해 건축가, 브랜드 디자이너, 경영 전략 전문가, 미래 서비스 전문가 등 다양한 분야의 전문가들이 참여했다.

당시 병원은 장기적 과제 설정뿐만 아니라 시급히 해결해야 할 문제가 있었다. 바로 대기실의 심각한 혼잡도를 낮추는 것이었다. 어느 병원이나 진료실 앞 대기실은 환자와 보호자, 의료진의 이해가 복잡하게 얽히고 충돌하는 장소여서 대개 적절한 솔루션을 찾기가 쉽지 않다. 당장 눈에 보이는 문제는 공간의 협소함이지만, 실제로는 병원 안 동선과 의료 서비스 시스템의 재설계 등에서 해법을 찾아야 하는 경우가 대부분이기 때문이다.

환자 관점에서 페인포인트 파악과 분석을 하기 위해 이해관계자와 맥락 인터뷰, 병원 사파리, 섀도잉과 타운워칭, 코크리에이션 워크숍 등을 설계했다. 서비스 디자인은 사용자의 참여 기회를 확장할수록 좋다. 가령 온종일 병원에 머무는 직원들을 직접 환자의 동선대로 걷고 공간을 관찰하는 '사파리'에 참여시킨 후 코크리에이션 워크숍을 진행할 경우 놀랄 만한 이야기들이 쏟아져 나온다. "우리는 워낙 익숙해서 몰랐는데 안내 표지판이 헷갈리게 되어 있다." "로비에서 우리 직원이 열심히 설명하는데 환자 표정을 보니 전혀 이해하지 못하고 있더라." "안내데스크 위치를 옮기면 환자들이 더 편할 것 같다."라는 등 환자에 대한 공감을 토대로 구체적인 이슈가 설정되고 활발한 토론이 진행된다.

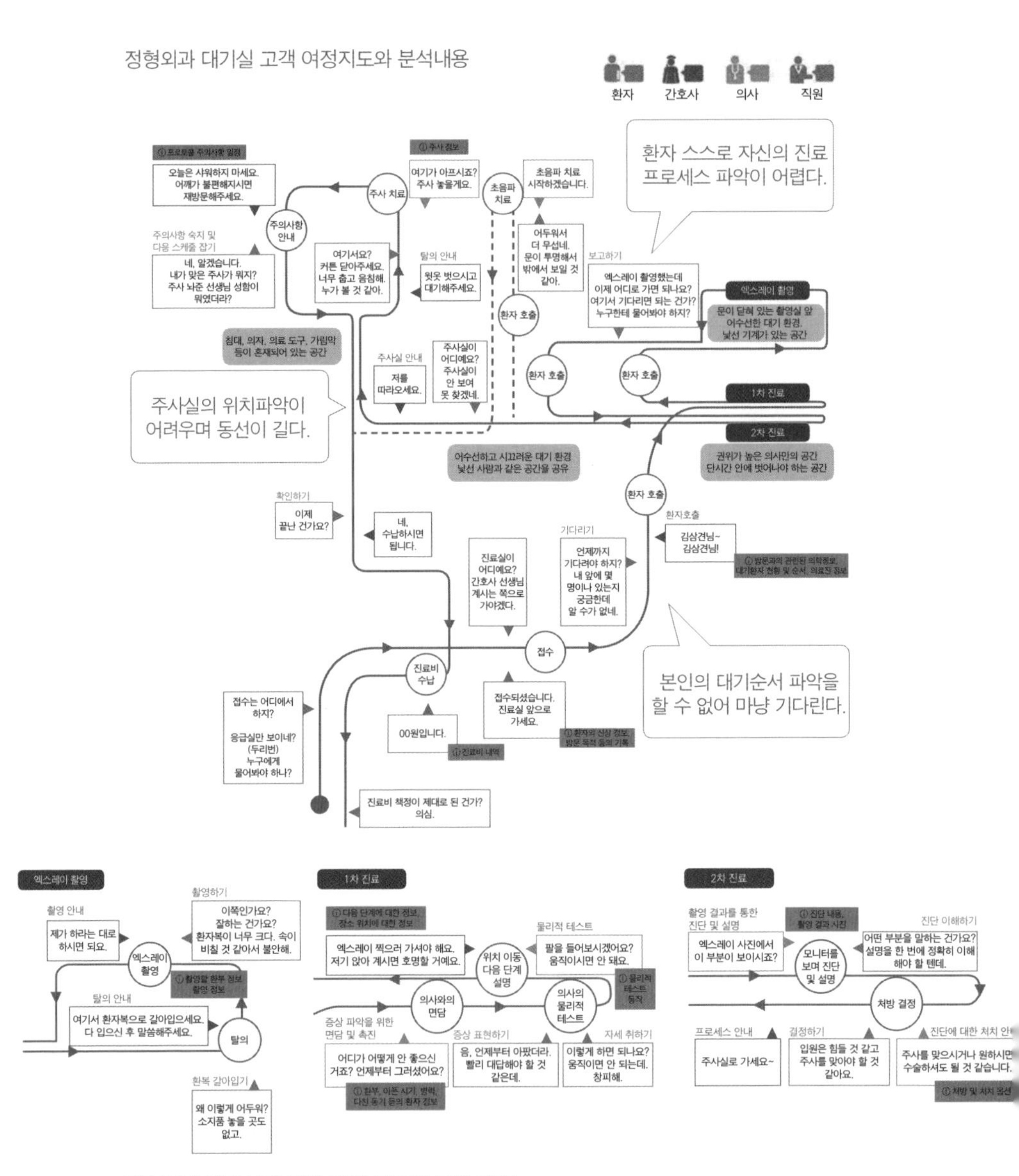

정형외과 대기실의 고객 여정 지도와 분석 내용

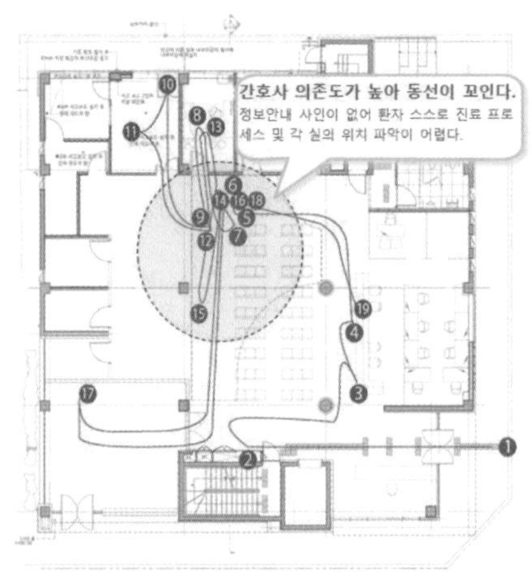

환자 동선에서의 정체 현황

내원환자 동선

1. 병원 입구 도착
2. 병원 로비 입성 후 접수 데스크 위치 파악
3. 접수데스크 위치 확인 후 이동, 번호표 출력
4. 접수데스크에서 접수
5. 3번 진료실 앞 대기
6. 간호사 데스크에서 접수 확인
7. 진료실 앞에서 진료 순서 대기
8. 진료실에서 진료상담
9. 엑스레이 촬영 대기
10. 엑스레이 촬영 준비 탈의
11. 엑스레이 촬영
12. 진료실 앞 엑스레이 촬영 결과 확인 대기
13. 진료실에서 엑스레이 결과 확인 및 상담
14. 진단 후 간호 데스크에서 처치 내용 다시 확인, 주사실로 가라는 안내
15. 주사실로 가다가 주사실 위치 파악 안 됨
16. 간호사한테 다시 가서 위치 확인
17. 응급실 안 주사실로 가라는 안내 받고 응급실 안 주사실로 이동, 기다린 후 처치 받음
18. 주사 처치 받은 후 간호 데스크에 다시가서 다음 프로세스 확인
19. 접수데스크에서 수납

병원 사파리는 전문가의 눈으로 환자 경험을 이해하는 시간이다. 당시 여성과 남성 디자이너 두 명이 각각 외래 환자와 입원 환자가 되어 환자 여정을 체험했다. 외래 환자 역할을 맡은 디자이너는 갑작스러운 어깨 통증으로 정형외과를 찾은 사례로 설정되었다. 단지 어깨가 아픈 환자라는 생각만으로도 디자이너는 병원 현관문의 무게와 접수대의 높이, 대기실의 의자 쿠션, 검사실의 커튼과 문고리 하나까지 모두 다른 관점으로 살펴보게 된다.

외래 환자의 여정은 인터넷으로 병원을 검색하는 것으로 시작된다. 이때 환자가 병원으로부터 얼마나 충실한 정보를 얻을 수 있는가에 따라 평가가 달라지고 환자 경험으로 축적된다. 진료가 끝난 후에도 환자 경험은 지속된다. 환자들은 귀가 후 서비스도 의료 서비스의 하나로 인식하기 때문이다. 현장 사파리 결과 외래 환자의 여정은 '병원 검색 → 예약 → 도착 후 접수 → 대기 → 진료 → 검사(촬영) → 치료(처치) → 수납 → 예약 → 귀가 후 서비스'까지 총 9단계로 이뤄진다. 입원 환자는 외래 환자의 9단계 그 이상의 더 많은 단계의 경험을 하게 된다.

맥락 인터뷰, 병원 사파리, 섀도잉과 타운워칭 결과를 환자 경험 단계별로 구분해 동선에 따라 정리하면 통합적인 환자 여정 지도가 완성된다. 이를 어피니티 애니어그램으로 분석하고, 서비스디자인팀의 전문가 회의를 거쳐 공간, 서비스, 브랜드, 경영의 영역별로 솔루션과 비전을 정리했다.

진료실 앞 혼잡 원인을 진단하고 솔루션을 제안하다

환자 여정 지도를 완성해가는 과정에서 당면 과제였던 진료실 앞 극심한 혼잡의 원인이 자연스럽게 드러났다. 문제의 원인은 단지 환자가 급증했기 때문만은 아니었다. 대기실에는 6개의 진료실, 검사실, 간호사 데스크가 있다. 그중 유독 진료실 한 곳을 중심으로 사람들이 극심하게 몰렸다. 이유는 두 가지다. 하나는 예약환자가 몰리는 스타 의사의 진료실이라는 점이다. 이는 한눈에 확인이 가능한 현상이다. 다른 하나는 환자 여정 지도를 통해 드러난 원인으로서 간호사 의존도가 높을 수밖에 없는 공간 디자인의 문제였다.

병원에 도착해 접수를 마치고, 해당 진료실 앞에서 대기하고, 진료 후 각종 검사실을 오가고, 또 대기하는 과정에서 환자가 스스로 진료 프로세스를 확인하거나 각 실의 위치를 파악할 수 있도록 적절한 안내가 이뤄지지 않았다. 환자들이 수시로 간호사 스테이션을 찾아가 질문을 해야 하므로 대기실 안 동선이 중복될 수밖에 없었다. 더군다나 간호사 스테이션이 하필 예약환자가 몰리는 진료실과 인접한 위치에 있어서 동선의 꼬임 현상이 더욱 심각했다. 공간의 극심한 혼잡은 환자 동선을 이해하지 못한 공간 배치와 환자 관점의 정보 제공 서비스 부재가 빚어낸 결과였다.

공간의 혼잡함을 해결하는 솔루션은 세 가지다. 첫째, 동선이 최대한 중복되지 않도록 하는 것이다. 우선 접수대 위치를 재조정할 필요가 있었다. 병원에 도착해 가장 먼저 찾는 곳인 만큼 입구에서 가깝고 사용자의 시야에 잘 보이는 위치에 배치하는 것이 중요하다. 둘째, 6개 진료실 중 한 곳의 진료실 앞에 과도하게 밀집되는 현상은 공동의 대기 존을 조성함으로써 어느 정도 해결이 가능하다. 대기 좌석에서 공간 전체를 볼 수 있도록 시야를 넓혀주는 부채꼴형 배치나 진료 프로세스별로 좌석의 방향을 구분해 배치하는 방식이 적절한 해결책이 될 수 있다. 셋째, 간호사 스테이션의 의존도를 낮추려면 진료 프로세스에 대한 정보가 빠르고 정확하게 환자들과 공유되어야 한다. 가령 대기자 명단 모니터를 통해 예상 대기시간과 진료 지연 사유를 지속적으로 표시함으로써 지루함과 불만을 해소할 수 있다. 환자 여정을 따라 직관적 디자인의 사이니지와 일관성 있는 폰트와 색을 활용한 웨이파인딩을 구축하는 것도 필수다.

당시 현실적 이유로 적용되지 않았지만, 서비스디자인팀이 제안

컨시어지 서비스 프로세스

컨시어지 서비스의 제안 — 솔루션

개요

겉옷과 가방은 저희가 보관해 드릴게요. 파우치에 귀중품은 넣어 보관하시고 그려진 맵을 따라서 접수 창구로 가주세요.

병원입구 → 물품보관·안내 서비스 → 접수

고객 환대, 편의	긴장 완화, 진료 준비	시간과 공간의 경제적 활용	오리엔테이션 효과
입구에 들어오는 순간 보관과 안내 서비스를 거치도록 해서 대우받는다는 느낌을 준다(호텔, 오페라 극장, 뮤지컬 극장).	병원은 환자가 위축되어 의료진의 지시가 있기 전에는 큰 행동의 변화를 시도하지 않는다. 환자의 소지품과 겉옷을 보관해줌으로써 환자가 진료과정에서 들고다녀야 할 소지품의 부피를 줄여줌과 동시에 진료 준비를 미리 도와준다.	탈의로 인한 번거로움과 시간 소비를 줄이며 병원 내 환자의 소지품이 차지하는 공간을 확보한다.	파우치를 교부하면서 접수 위치, 병원의 서비스 특성, 파우치 사용법을 안내해준다. 접수 전 단계에서 안내단계를 필수적으로 거치게 되면서 진료 프로세스에 대한 오리엔테이션 역할을 한다.

컨시어지 서비스의 프로세스 — 솔루션

했던 '컨시어지concierge 서비스'도 좋은 대안이 될 수 있다. 환자가 병원 입구에 도착해 접수를 마치면 바로 물품 보관 서비스가 시작된다. 이때 진료 전반에 대한 설명을 듣는데 낯선 환경에서 위축되기 쉬운 환자의 심리를 배려한 일종의 오리엔테이션이다. 부피가 큰 짐이 있다면 컨시어지 데스크에 맡기고 진료 동선이 그려진 '문진표 파우치'를 받는다. 파우치에 꼭 필요한 물건만 담고 파우치에 겉에 그려진 동선을 따라 이동한다. 컨시어지 서비스는 공간 확장이 부족한 병원에서 환자 동선이 얽혀 발생하는 혼잡함을 줄이고 동시에 스트레스도 감소하는 효과를 기대할 수 있다.

복잡한 과정을 거쳐 진행된 디자인 작업을 통해 도출된 장기 비전 과제는 통합적 '헬스케어 허브'였다. 정형외과 병원의 주 환자층은 50대 이상의 장노년층이다. 따라서 미래 의료 서비스의 방향은 이들의 요구에 부응해야 한다. 앞으로 이러한 장노년층이 이용하는 의료기관에서 중요한 임무는 장기적 건강관리에 대한 지원이다. '헬스케어 허브'는 삶의 질을 높이는 의료 서비스를 통합적으로 연결하고 제공하는 역할을 한다. 미래 비전의 성공 여부는 사용자의 경험과 감성을 얼마나 이해하는가로 결정될 것이다. 서비스 디자인적 사고는 사용자의 욕구를 심층적으로 파악하고 잠재적 사용자와 지속적인 소통을 하는 데 도움이 된다. 서비스 디자인은 현재를 통해 미래를 읽고 준비하는 통찰의 도구인 셈이다.

5.
사이니지는 어떻게 폭력을 줄였을까

응급실 폭력의 본질적 원인은 두려움 때문이다

우리나라 도시의 지하철 플랫폼과 버스정류장에는 디지털 전광판이 설치되어 있다. 다음 열차가 어디에 있는지, 내가 기다리는 버스가 몇 분 후에 도착하는지 실시간으로 알려준다. 디지털 전광판은 열차와 버스를 더 빨리 오게 하거나 교통의 흐름을 원활하게 하는 등의 역할을 하지는 못한다. 이 서비스의 목적은 사람들의 마음을 돌보는 것이다. 시간과 순서를 아는 것만으로도 지하철과 버스를 기다리는 지루함이 줄어들고 불만이 크게 낮아진다.

병원은 조급한 마음들이 가장 많이 모인 공간이다. 내가 아프거나 가족이 아프거나 혹은 생명이 위태로운 상황에 직면하기도 한다. 예민해진 감정은 쉽게 분노를 촉발하고 예상치 못한 폭력으로 번지기도 한다. 병원 안에서 가장 많은 폭력이 발생하는 곳이 바로 응급실이다.

영국의 국가의료서비스National Health Service는 암부터 치과 시술까지 포괄적인 진료 비용을 국가가 부담한다. 이런 무상 의료체계는 필연적으로 비용과 인력 부족의 문제를 동반한다. 환자가 동네 병원이 아니라 우리나라의 종합병원에 해당하는 상급병원에서 진료받으려면 오랜 시간 기다려야 한다.

반면 응급센터는 바로 진료받을 수 있어 항상 사람들로 붐빈다. 응급센터라고는 하지만 대기 시간이 긴 편이고 의료진에 대한 폭력도 빈번하게 발생하는 문제가 컸다. 영국 국민건강서비스NHS는 연간 5만 9,000여 건에 달하는 폭력 사건의 대응책으로 피해 의료진에 대한 다양한 서비스를 제공했지만, 이는 사후약방문에 불과한 조치로서 폭력을 근원적으로 해결하는 대책은 아니었다. 이에 국민건강서비스NHS는 응급실 폭력의 진짜 원인을 조사하기 시작했다. 그런데 이 과정에서 아주 놀라운 사실을 알게 되었다. 응급실에서 폭력을 행사하는 사람들은 '원래 폭력적 성향'의 사람들일 것이라는 생각과는 다르게 평범한 시민이었다. 폭력은 응급실에서 아무런 안내도 받지 못하고 마냥 기다리는 과정에서 불안이 증폭되고 불만이 고조되어 결국 공격성으로 분출된 결과였다.

디자인 요소만으로 응급실의 폭력을 줄일 수 있다

우리가 접하는 많은 문제는 대부분 관점을 바꿔야만 본질을 알게 된다. 의료진 관점에서 응급실 폭력은 의료진 대비 환자 수가 너무 많기 때문이라거나 혹은 폭력적 성향의 환자들이 벌이는 돌

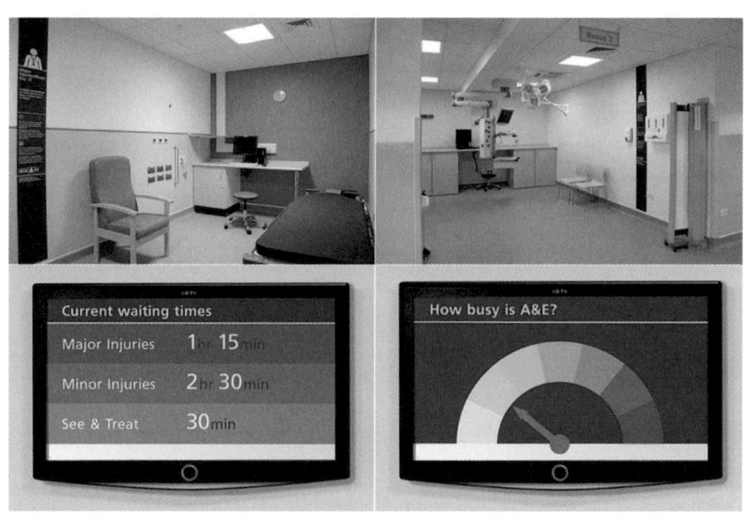

피어슨로이드가 디자인한 직관적인 공간과 사이니지 (출처: Pearson Lloyd[7])

발행동이라고 판단하는 건 매우 자연스럽다. 온종일 응급실에서 근무하지만 이들이 폭력의 진짜 원인을 알지 못한 건 사용자 경험이 다르기 때문이다. 으레 진행되는 응급실 진료 프로세스는 의료진에게는 익숙한 루틴이다. 의료진에게는 익숙하고 당연한 정보가 환자들에게는 낯설고 어렵다. 환자들은 프로세스를 구체적으로 설명해주기 전까지는 알 수가 없다. 폭력의 본질적 원인은 '알지 못함'에서 비롯된 두려움이었다.

국민건강서비스NHS는 디자인 회사 피어슨로이드PearsonLloyd와 '더 나은 응급실A better A&E' 프로젝트를 시작했다. 핵심은 사이니지의 개선과 활용이었다. 응급실 도착부터 귀가 때까지 환자 여정에 따라 응급실 상황을 체계적으로 전달하는 응급 진료 개념도를 리플릿으로 제작해 방문객에게 제공했다. 개념도에는 진료 과정과 평균 대기시간을 표기해 자신이 어느 단계에 머물고 있는지 환자 스스로 확인할 수 있도록 했다. 또 각 진료과 앞에는 상중하로 구분된 치료 단계 안내판을 붙였다.

자신이 가벼운 경증인지, 중증인지, 혹은 응급상황인지 알 수 있도록 한 것이다. 심지어 침대 위 천장에도 안내판을 붙였는데 누워서 대기하는 환자를 배려한 것이다. 대기실의 상황 모니터는 치료 단계별 환자 현황과 대기시간을 구체적으로 알려준다. 누구든 응급실 혼잡 정도와 치료 시간을 충분히 예측할 수 있다. 프로젝트 시행 결과 응급실 이용 환자의 75%가 대기 중 불만이 줄었다고 답했으며 폭력 발생률은 약 50%나 낮아졌다.

각계각층의 매우 다양한 환자, 보호자, 그리고 의료진이 뒤섞여 복잡한 기능을 수행하는 병원은 스트레스가 많은 공간이다. 스트레스는 만병의 근원이다. 실제로 현대 질병의 80% 이상이 스트레스와 연관되어 있다는 연구 결과들이 있다. 스트레스는 치유를 방해하는 최대 장애물이다. 미국의 환경심리학자 로저 울리히Roser Ulrich는 "병원 건축과 리모델링 디자인에서 스트레스를 줄이는 정신적 치유 환경이 가장 우선순위가 되어야 한다."라고 강조했다. 병원 디자인의 중요한 목표는 스트레스에서 벗어나고자 하는 모든 사람에게 친밀한 환경을 제공하는 것이다.

병원에서 환자 스스로 위치를 찾고 한 장소에서 다른 장소로 쉽게 이동하도록 하는 웨이파인딩wayfinding은 디자인적 해결이 아주

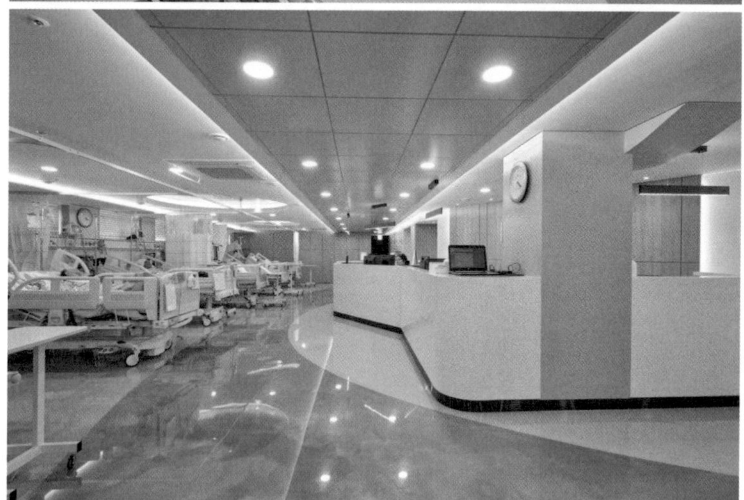

제주한국병원 응급의료센터(위)와 중환자실(아래). 직관력 있는 바닥패턴은 웨이파인딩의 효과를 줄 뿐만 아니라 공간에서의 영역을 구분하는 데 매우 효과적이다.

유용한 영역이다. 시각적 요소는 언어보다 훨씬 빠르고 쉽게 이해되는 특성이 있다. 쉬운 예를 보자. 언제부턴가 도로 위에 교차로,

인터체인지, 분기점 등을 헷갈리지 않도록 분홍색과 녹색 선으로 차량을 유도하는 '주행유도선'이 등장했다. 이 색깔 유도선이 등장한 이후 분기점 교통사고가 40% 이상 감소했다고 한다. 수많은 교통표지판과 도로 바닥의 글씨보다 유색의 선 한 줄이 더 큰 효과를 발휘한 것이다.

요즘 들어 병원 바닥에도 찾고자 하는 곳을 찾아 가도록 유색의 띠를 붙여 길을 표시하는 경우도 있고 홀로그램의 지도 표시를 도입하여 환자들이 쉽게 찾아가게도 한다. 그러나 대형병원에서 접수, 진찰, 검사, 수납 외에도 여러 절차를 거쳐야 하는 환자들에게 공간을 누구에게 묻지 않고 쉽게 찾아갈 수 있도록 하는 건 아직 병원디자인에서의 큰 숙제로 남아 있다.

6.
공간은 진정성 있는 경험을 제공해야 한다

임신요통클리닉에서 서비스 디자인의 중요성에 주목하다

의료 공간 리모델링에 서비스 디자인을 효과적으로 적용하려면 고객이 서비스 디자인의 목적을 이해하고 필요에 공감해야 한다. 최종 의사결정권자인 리모델링 의뢰인이 환자 중심 의료 공간의 개념과 회복적 치유 환경의 중요성을 인식해야만 귀찮고 돈과 시간이 많이 드는 디자인 리서치에 정성을 기울이게 된다. 2016년도에 국내 최초로 임신요통클리닉을 개설한 척추 관절 전문 병원이 바로 그랬다.

임신요통클리닉은 임신 중 산모들이 겪는 허리와 관절 통증에 대한 고민을 진단하고 치료하는 전문 클리닉이다. 여성들은 출산 전후로 허리와 관절 통증을 겪는 경우가 많다. 흔한 증상이기 때문에 대부분 시간이 지나면 괜찮아질 것이라며 참는다. 그러다 통증이 극심해지면 뒤늦게 병원을 찾는다. 이 경우 치료 시기를 놓쳐 병을 키운 사례가 상당수다. 출산 전후 골반 통증을 방치하면 골반과 관절이 약해지고 골절과 관절염으로 악화될 수 있다. 임신 기간에 발생하는 허리와 관절 통증을 적극적으로 치료하지 않는 배경에는 임신 중 치료가 자칫 태아에게 영향을 미칠까 두려운 심리도 깔려 있다. 마시는 물, 먹는 음식, 행동 하나까지도 조심하는 엄마의 마음이다.

병원 측은 임신요통클리닉이 치료기관의 역할뿐만 아니라 여성들이 임신요통을 당연하게 생각하거나 과한 두려움을 갖지 않도록 올바른 정보를 제공하는 역할도 수행하길 바랐다. 이를 위해 의료 공간은 심리적으로 편안함을 느낄 수 있는 치유 환경으로 조성하고자 했다. 병원은 클리닉 오픈 전부터 자체적으로 서비스디자인팀을 구성하고 사용자 심리 파악에 나섰다. 하지만 사용자의 이야기를 경청하는 것만으로는 서비스 솔루션을 찾기 어렵다는 사실을 깨달았다.

경청과 서비스 디자인 도구로서의 인터뷰는 매우 다르다. 또 인터뷰 결과를 토대로 니즈를 파악하고 문제를 진단하는 과정에서는 반드시 맥락적contextual 접근이 필요하다. 서비스 디자인은 매우 전문적인 방법론에 따라 디테일한 프로세스로 진행된다. 만약 당시 병원이 서비스 디자인의 중요성을 깊게 인식하지 않았다면 임신요통 클리닉 리모델링 프로젝트의 방향도 바뀌었을 것이다. 하지만 병원은 사용자의 이야기를 경청하는 것에 시간을 쏟았고 서비스 디자인에 특화된 공간 전문가의 필요성을 이해하면서 자연스럽게 우리 회사와 인연이 시작되었다.

병원의 적극적인 지지 덕분에 서비스 디자인 프로세스를 상당

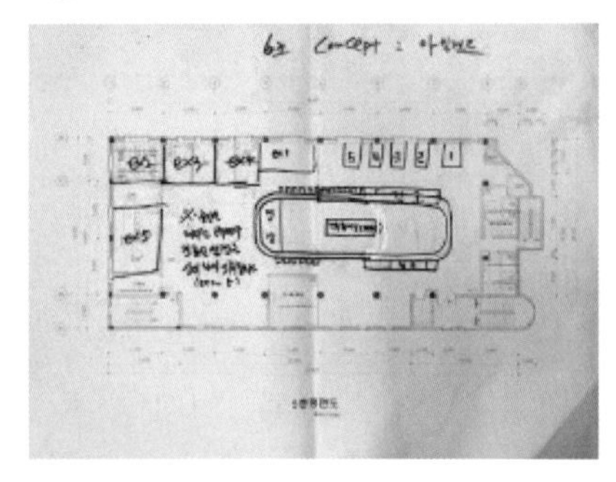

서울척병원의 서비스 디자인 프로세스 중 공개강좌와 워크숍 장면

히 촘촘하게 설계할 수 있었다. 온·오프라인 설문조사, 관찰(타운워칭), 인터뷰(맥락 인터뷰), 전문가 그룹의 사파리, 임산부를 대상으로 한 공개강좌 프로그램도 마련했다. 제한된 공간에서 시행착오를 줄이고 사용자에게 기능적이고 유용한 공간을 제공하는 것이 목표였다.

이를 위해 반드시 수행해야 하는 과정은 사용자의 잠재된 욕구를 파악하는 것이다. 2개월의 디자인 기간 중 무려 한 달을 현장 중심의 조사와 인터뷰에 할애할 정도로 다양한 사용자를 만나고 소통하기 위한 채널을 구축했다. 특히 출산 전후 허리·관절 통증을 겪고 있으나 주사와 약물치료가 힘든 여성을 대상으로 한 설문조사, 기존 환자를 비롯해 실제 수요자가 될 요통을 겪는 임산부들을 대상으로 한 맥락 인터뷰, 그리고 온라인을 통한 무작위 수요자까지 광범위하게 사용자들과 접촉했다. 이 과정에서 임신요통 클리닉에 대한 이해를 넓히는 작업도 진행했다.

디자인으로도 심리적 불안을 완화하고 편안함을 줄 수 있다

임신요통클리닉은 산모들에게도 낯선 의료 서비스다. 산모들이 임신요통 치료의 중요성을 인식할 수 있도록 하려면 정확한 정보를 제공하여 관심을 집중시킬 필요가 있었다. 그래서 마련한 것이 특별 공개강좌였다. 임신요통을 겪고 있는 임산부들이 각자의 경험을 공유하며 자유롭게 의견을 나누고 참석한 전문가들이 질문에 답변하는 방식으로 진행했다. 사용자와 깊은 대화를 통해 의료진

임신요통클리닉의 공간 디자인을 위한 서비스 디자인 프로세스

과 서비스디자인팀은 임신요통클리닉의 치유 환경을 어떻게 조성할 것인지 고민하고 디자인 솔루션의 방향을 찾아갔다.

다양한 서비스 디자인 도구를 활용해 파악한 환자들의 가장 큰 니즈는 심리적 불안감의 해소였다. 불안감은 정서적이고 육체적으로 편안한 분위기를 통해 완화할 수 있다. 공간은 전체적으로 따뜻한 느낌의 색을 주로 사용했다. 또 시각적으로 여유로움을 주기 위해서 직선보다는 곡선을 적극적으로 활용했다. 기둥과 모서리 등은 임신 중인 환자들이 부딪혔을 때 위험을 줄일 수 있도록 곡선으로 처리하고 가구도 곡선으로 배치했다. 대기 좌석의 의자는 통증 환자를 배려해 쿠션의 푹신한 정도도 고려할 요소였다. 병실은 특히 몸이 무거운 임산부들이 불편하지 않도록 일반 병실보다 침대 간격을 더 넓게 배치하고 진료실과 검사실 등을 오가는 동선은 최대한 간결하게 정리했다.

치유 공간의 디자인은 환자와 공간 특성을 제대로 이해해야 가능하다. 사용자 공감과 분석에 많은 공을 들여야 한다는 얘기다.

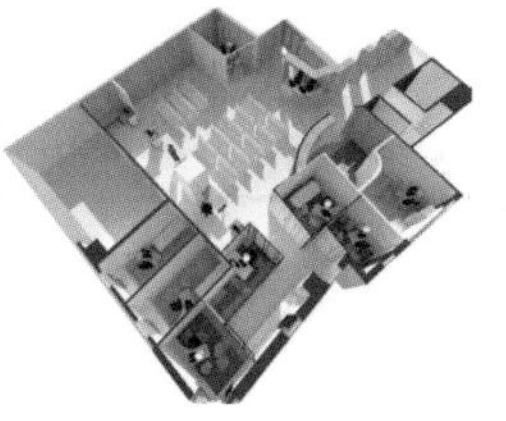

서비스 디자인을 통해 완성된 공간 모습과 도면

병원 리모델링에서 디자이너와 가장 먼저 나눠야 할 이야기는 '돈이 얼마나 드느냐?'가 아니라 어떻게 하면 사용자에게 진정성 있는 경험을 제공할 수 있는가에 대한 것이어야 한다. 사용자 중심의 서비스 혁신은 사용자 관점에서 변화를 이해하고 능동적으로 적용할 때 비로소 이루어진다.

· 4부 ·

[신경건축학 디자인]

뇌가 좋아하는 공간이 몸과 마음을 치유한다

1.
창이 있는 병실의 환자는 빨리 퇴원한다

창가라는 공간의 중요성을 과학적으로 증명하다

사람들은 창가를 좋아한다. 카페와 식당 혹은 기차와 고속버스에서도 창가 자리는 늘 경쟁이 치열하다. 전망이 좋은 장소의 창은 곧 경제적 가치로 계산된다. 창가 자리의 가치가 가장 확실하게 드러나는 곳은 직장이다. 직급이 높을수록 창가 자리를 차지한다. 승진할수록 고층에 있는 창이 큰 방이 제공된다. 『공간의 심리학』의 저자 발터 슈미트Walter Schmidt는 창가에 대한 선호는 인류가 진화하는 과정에서 체득한 햇빛 효과 때문이라고 해석한다. 창은 빛의 양과 공기 순환을 조절하는 기능을 수행함으로써 육체적 건강과 정서적 안정에 도움을 준다. 창이 없는 공간에 사는 사람들에게서 우울증, 불면증, 무력증 등이 더 자주 나타난다는 보고도 있다.

그런가 하면 우리 조상들은 창의 기능으로 '차경借景'을 말했다. 차경은 외부의 자연경관을 내부 공간으로 빌려온다는 의미다. 삶

장기간 머무는 환자에게 최상의 환경을 제공하는 보바스기념병원의 1인실 병실. 침대와 목욕실과 식사공간까지 창가와 근접한 곳에 배치되어 있다.

의 장소는 마땅히 자연을 풍성히 즐길 수 있어야 한다는 공간 철학이 담긴 말이다. 아주 오래전부터 사람들은 창밖으로 자연을 볼 수 있는 공간의 중요성을 알았다. 하지만 과학적으로 왜 중요한가

Science

View Through a Window May Influence Recovery from Surgery

Abstract

Records on recovery after cholecystectomy of patients in a suburban Pennsylvania hospital between 1972 and 1981 were examined to determine whether assignment to a room with a window view of a natural setting might have restorative influences. Twenty-three surgical patients assigned to rooms with windows looking out on a natural scene had shorter postoperative hospital stays, received fewer negative evaluative comments in nurses' notes, and took fewer potent analgesics than 23 matched patients in similar rooms with windows facing a brick building wall.

로저 울리히 박사 논문 「병실에서의 정원 효과에 관한 연구 사례」 중 서문 (출처: naturesacred.org[8])

를 증명하기가 쉽지 않았다. 단지 자연과 가까운 곳에 머물면 마음이 편안하고 무엇보다 건강이 좋아지더라는 경험에 근거한 믿음이 컸다. 미국의 환경심리학자 로저 울리히가 신경건축학Neuroarchitecture의 문을 열기 전까지는 말이다.

1984년 로저 울리히는 논문 「병실에서의 정원 효과에 관한 연구 사례」를 통해 '병실 창으로 자연풍경이 보일 때 환자들의 회복 속도가 더욱 빨라진다'는 사실을 세상에 알렸다. 이 연구는 미국 펜실베이니아주 외곽의 요양병원에서 담낭 제거 수술을 받은 환자 46명을 대상으로 진행되었다. 환자 23명은 작은 숲이 내다보이는 병실에, 나머지 23명은 벽돌담이 내다보이는 병실에 입원시킨 후 심장박동과 심전도, 혈압, 체온, 투약량, 진통제 종류, 입원 기간 등 주요 건강지표를 기록했다.

1971년부터 1982년까지 무려 10년간의 데이터를 분석한 결과는 흥미로웠다. 자연풍경이 보이는 병실의 환자들이 벽돌담을 바라본 환자들보다 합병증이 더 적게 나타났다. 또한 진통제 강도와 투여량도 상대적으로 적었으며 입원 기간도 훨씬 짧은 것으로 나타났다. 이 연구는 물리적 공간이 환자의 치유 능력에 직접적인 영향을 미칠 수 있음을 과학적으로 증명한 최초의 사례다.

건축가들과 신경과학자들이 신경건축학을 만들다

로저 울리히 이전에도 환경심리학Environmental Psychology의 여러 연구는 '환경의 변화가 사람의 행동을 바꾼다.'라는 사실을 밝혀냈다. 환경심리학의 창시자로 불리는 미국의 심리학자 로저 바커Roger Barker는 실험을 통해 같은 장소의 두 아이가 서로 다른 장소에 있을 때보다 유사하게 행동한다는 사실을 알아냈다. 그것은 공원의 벤치와 가로수 그늘의 위치에 따라 사람들이 휴식하는 방식이 달라지고 놀이터에서 엄마들이 쉬는 공간이 어디냐에 따라 아이들이 노는 방식을 바꾼다는 사실이다. 또 인공건축물이 사람의 행동에 미치는 영향을 연구하는 건축심리학Architectural Psychology은 공간이 사람에게 미치는 영향을 강조하며 건축설계에서 미적 요소만큼이나 사람의 심리를 고려해야 한다고 주장해왔다.

그러나 환경심리학이나 건축심리학이 건축설계에 보편적으로 적용되기는 한계가 많았다. '환경의 변화가 사람의 행동을 바꾼다.'라는 이론은 반복적인 실험을 통해 10명 중 8~9명꼴로 동일한 행동 패턴을 보이는 일종의 경향성을 근거로 한 가설이었고 환경의 어떤 요소가 어떻게 행동을 변화시키는지 과학적 근거를 내놓지 못했기 때문이다. 특히 병원 건축의 수요자인 의사들은 과학적 근거를 제시하지 못한 이론을 크게 신뢰하지 않는 경향이 있다. 다른 공간보다 병원 설계에서 환경심리학과 건축심리학의 이론을 적용하기는 훨씬 더 어려웠다.

로저 울리히의 연구는 건축계가 '인간을 위한 건축'이라는 본질에 다시 집중하는 계기를 만들었다. 인간의 뇌에 공간이 어떤 영향을 미치는지를 이해하지 못한 채 인간을 위한 공간을 만들 수는 없다. 이런 문제의식을 공유한 건축가들과 뇌를 연구하는 신경과학자들이 모여 신경건축학을 탄생시켰다. 신경건축학은 공간과 건축이 인간의 두뇌에 미치는 영향을 측정해 최적의 건축 양식을 탐구하는 학문으로서 행복이나 스트레스와 같은 추상적이고 주관적인 감정을 일시적인 기분이나 느낌으로 치부하지 않고 객관적인 데이터로 제시한다.

2003년 미국건축가협회는 신경건축학회ANFA, Academy of Neuroscience for Architecture를 결성했다. 신경과학 분야의 연구 성과를 기반으로 새로운 방향의 공간 디자인을 연구하는 것이 목적이다. 이 학회는 신경건축학 연구를 장려하는 목적으로 '헤이 연구 보조 프로그램Hay Research Grant Program'을 운영한다. 2년마다 한두 개의 연구를 선정해 5만 달러를 지원한다. 그중 기존의 사무실과 새로운 환경의 사무실을 신경과학적으로 평가해 업무 효율을 높이는 사무실을 연구하는 '신개념 오피스에 적용 가능한 신경과학 연구Study

자연이 어우러지고 자연채광이 들어오는 건강검진센터의 대기실. 디케어 건강검진센터. 건강검진센터의 공간들은 자연의 소재로 이루어졌고 자연채광이 온종일 들어온다.

of Society of Neuroscience New Offices', 익숙하거나 또는 낯선 환경에서 길을 찾을 때의 심리적·신경계적 반응을 분석해 뇌의 인지 지도를 연구하는 '칼리트2 웨이파인딩 프로젝트Calit2 Wayfinding Project' 등이 대표적인 연구 프로젝트다.

우리나라는 미국 신경건축학회에 비하면 인적 구성이나 예산 규모가 턱없이 부족하긴 하지만 2011년 정재승 카이스트 바이오 및 뇌공학과 교수 주도로 신경건축학연구회가 결성되었다. 나도 신경건축학연구회 일원으로 활동하며 신경과학, 뇌과학, 인지과학, 심리학 등 건축 분야 밖의 전문가들과 '사람과 공간'에 대해 토론하고 배움을 얻는다. 미래 삶의 공간, 특히 치유 공간으로서 의료 건축에 대한 통찰을 얻고 현장에 적용하고 있다.

한국 신경건축학연구회는 해마다 심포지엄을 개최하고 연구 성과를 업계와 공유한다. 이러한 노력 덕분인지 최근 들어 병원 디자인 분야에서 신경건축학에 대한 관심이 높아지는 추세다. 하지만 아직은 갈 길이 멀다. 신경건축학이 국내에서 깊이 뿌리내리기 위해서는 더 많은 협업과 신경건축학을 적용한 건축 및 공간 사례가 등장해야 한다. '시작이 곧 반'이라는 속담처럼 신경건축학연구회를 구심점으로 협업의 토양이 만들어졌으니 이미 절반은 이룬 셈이 아닌가. 앞으로 더 많은 학자와 전문가의 참여로 왕성한 연구 활동이 이뤄지고 신경건축학을 접목한 공간들이 더 많아지길 바란다.

2.
뇌는 즐겁고 행복한 공간의 비밀을 알고 있다

공간은 인간의 인식과 행동에 직접적인 영향을 준다

"더 나은 건축과 공간을 만들기 위해서는 우리 뇌가 다양한 건축적 요소에 '왜' 그리고 '어떻게' 반응하는지 이해할 필요가 있다. 모양이나 색깔, 질감 등에 따라 인간의 뇌가 긍정적으로 혹은 부정적으로 반응하는지 말이다."

천재로 불리는 세계적 건축가 프랭크 게리Frank Gehry가 2006년 국제신경학회에서 한 말이다. 공간 안에서 인간이 느끼는 감정, 즉 뇌의 반응이 좋은 건축과 더 나은 공간을 결정한다는 얘기다.

공간의 가치는 그 안에 머무는 사람에 의해 결정되고 동시에 공간에 의해 삶의 질이 달라진다. 이 말에 이의를 제기하는 사람은 없다. 당연하다. 인간의 삶이란 공간의 틀을 벗어나지 않기 때문이다. 집에서 자고, 학교에서 공부하고, 회사에서 일하고, 마트에서 장을 보고, 병원에서 질병을 치료하는 일상이 모두 특정 공간에서 이뤄진다. 공간은 인간의 삶을 담는 그릇이다. 크든 작든 공간은 인간의 인식과 행동에 직접적인 영향을 준다. 정말 그럴까? 아주 흔한 경험을 떠올려보자. 종교가 없는 사람도 절에 가면 저절로 목소리를 낮추고 성당에 가면 자기도 모르게 숙연해진다. 실제로 기도하지는 않더라도 두 손을 가지런히 모으는 행동을 쉽게 관찰할 수 있다.

공간과 인간의 상호작용은 뇌에서 일어난다. 공간의 형태, 빛, 색채, 촉감, 향, 소리 등에 대해 감각기관이 본능적으로 반응한다. 긍정적 신호로 인식되면 기분이 좋아지고 마음이 편안해지며 면역체계에 좋은 영향을 미친다. 질병과 싸우는 방식이 달라져 병세가 호전되고 치유 속도가 빨라진다. 반대로 부정적 신호는 불안과 긴장감을 끌어올린다. 과한 스트레스는 면역체계에 나쁜 영향을 미치고 치유의 속도를 더디게 한다.

이 과정을 과학적으로 증명해낼 수 있는 건 뇌과학 덕분이다. 뇌과학은 뇌의 복잡한 작동원리를 파악한다. 좁게는 파킨슨병 등 신경계 퇴행성 질환과 우울증 등 각종 정신질환의 치료법을 개발하는 것부터 넓게는 인간의 지적 능력이 기대 이상의 통찰력을 발휘하는 과정과 인간의 뇌가 가진 가능성의 한계를 알아내는 데까지 광범위한 영역에서 활약한다.

다양한 방식으로 뇌의 반응과 공간 선호도를 읽는다

뇌과학이 건축학과 만나게 된 것은 뇌의 인지능력을 객관적으로

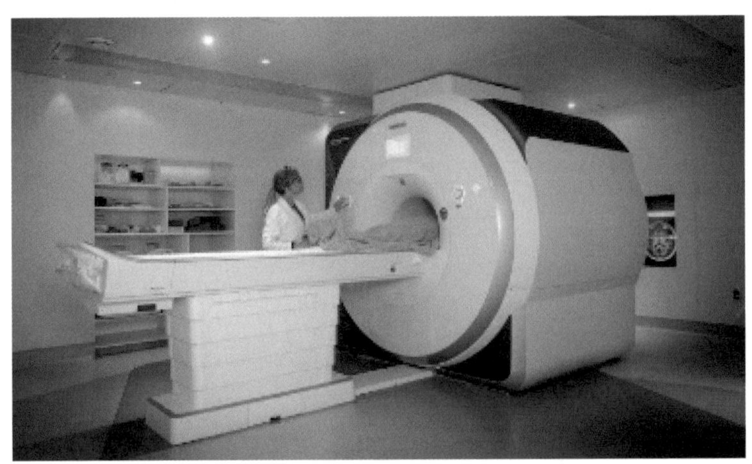

fMRI는 세이지 오가와Seiji Ogawa가 1990년에 발견한 혈액 산소준위 의존성BOLD 대비를 사용한다. fMRI는 MRI의 카메라 정지 영상과 달리 뇌를 동영상으로 촬영하여 뇌혈관의 활동을 읽어낸다. (출처: Okinawa Institute of Science and Technolgy[9])

파악할 수 있는 최첨단 뇌 측정 기술들이 등장한 덕분이다. 일례로 뇌전파전위기록EEG은 뇌의 뉴런 활동으로 생기는 전기신호를 측정하는 뇌파 검사로 뇌파의 변화를 통해 감정의 변화를 파악한다. 전자식뇌촬영MEG은 뉴런이 활성화하면 약한 자기장이 발생하는 것을 이용해 뇌 활동을 측정한다. 양전자방출단층촬영PET은 양전자를 방출하는 방사성 물질을 이용해 뇌 활동을 측정하는 기술로 공포나 행복 등 감정과 연관된 뇌 영역을 탐색한다.

뇌과학에서 가장 많이 활용되는 기술은 기능성자기공명영상촬영fMRI이다. 뇌혈관을 흐르는 혈액 속의 산소량을 측정하는 기술이다. 특정 뇌 영역이 사용되면 그 주변의 혈류량이 증가하는 것에 기초해 외부 자극에 대한 뇌 활동을 측정한다.

다양한 뇌 측정 기술의 발전은 뇌과학의 기술적 진보를 이뤘다. 그 결과 외부 환경에 대해 우리 뇌가 어떻게 느끼고 반응하는지를 객관적인 데이터로 확인할 수 있게 되었다. 예를 들어 우리 뇌는 행복을 느끼는 순간 세로토닌이라는 신경전달물질을 분비하고 반대로 스트레스가 높아지면 코르티솔 호르몬을 생성한다. 고통을 느낄 때는 통증을 줄이기 위해 엔도르핀을 생성한다. 세로토닌, 코르티솔, 엔도르핀을 측정하면 어떤 환경에서 행복과 불행과 고통을 느끼는지 알 수 있다.

신경전달물질 말고 뇌파로도 뇌의 반응을 읽을 수 있다. 뇌는 안정된 상태에서는 알파파를 내보내고 긴장하거나 불안을 느낄 때는 베타파를 발산한다. 뇌파를 측정해 어느 쪽이 더 많은지를 확인하면 어떤 공간에서 안정감을 느끼는지 또는 불쾌감이나 공포를 느끼는지 분석할 수 있다. 따라서 법정에서 fMRI에 기초한 거짓말 탐지기의 증거들은 DNA 검사와 같이 사법계에 엄청난 영향을 줄 것으로 기대한다. 그뿐만 아니라 신경과학자들의 연구를 통해 범죄 행동과 뇌 사이의 연관성으로 나타나는 범죄를 예측하고 예방하는 방법이 될 것이라고 보고 있다.[10]

최근 들어 뇌를 측정하는 다양한 휴대용 기기와 가상현실을 이용해 공간에 대한 뇌의 인지작용을 측정하는 가상현실VR 장치가 등장하면서 실제에 가까운 데이터를 얻는 것이 가능해졌다. 일례로 사람의 동공이 움직이는 방향을 추적하는 '아이 트래커eye tracker'는 시선이 가장 많이 머무는 공간과 동공의 확장 정도를 측정한다. 이 데이터를 통해 사람들이 어떤 공간을 선호하는지 취향을 파악할 수 있다.

헤드셋처럼 간편하게 착용하는 모바일 뇌전도EEG 측정 장치는 각각의 공간에 따른 뇌파의 변화를 측정해 일시적인 감정이 아니라 우리 뇌가 좋아하는 공간을 정확하게 찾아낼 수 있다. 이미 있는 공간이 아니라 가상 공간도 측정할 수 있다. 가상현실 장비를 통해 가상 공간을 보여주고 실시간으로 뇌 반응을 측정하면 개인 맞춤형으로 가장 선호하는 공간을 알 수 있다. 가까운 미래에 보편화된 가상현실 영상 제작 기술로 각자 원하는 공간을 설계할 수 있을 것이다. 이는 무엇을 의미할까? 미래 공간 디자인의 경쟁력은 디자인 기술이 아니라 과학적 근거를 기반으로 뇌가 좋아하는 공간 환경, 즉 사람이 행복하고 건강할 수 있는 공간 환경을 디자인하는 콘텐츠에 있다.

신경건축학은 일시적 감정이나 주관적 판단이 아니라 과학적인 측정 기술을 이용해 우리 뇌가 좋아하는 공간을 연구한다. 기계를 통해 우리 뇌가 느끼는 감정을 정확하게 읽어내고 이를 근거로 뇌가 좋아하는 공간과 싫어하는 공간을 맞춤형으로 찾는 것이다. 공간 환경으로 인해 사람은 행복할 수도 있고 불행할 수도 있다. 또 편안할 수도 있고 불안할 수도 있다. 질병에서 더 빠르게 회복할 수도 있고 반대로 치유에 방해받을 수도 있다. 신경건축학을 통해 행복한 공간의 비밀을 더 많이 알게 되면서 현재보다 나은 풍요로운 삶을 가능하게 하는 공간을 창조할 수 있게 되었다.

3.
치유 공간, 신경건축학을 현장에 불러내다

일본 암 병동에서 자연 공간과 마주치다

'암 환자를 위한 병실에 작은 정원을 하나씩 두자.'

언젠가 모 병원 암 병동 리모델링을 진행하며 평소 마음에만 품었던 생각을 도면 위로 꺼낸 적이 있다. 세상에 고통스럽지 않은 질병은 없지만 그중 암 투병 과정은 참으로 힘들다. 항암치료로 인해 머리카락이 빠지고 눈에 띌 정도로 몸이 쇠해지는 자신의 모습을 장기간 지켜봐야 한다. 암 환자는 완치라는 최종 진단을 받기까지 수년 동안 늘 머릿속 한구석에서 죽음을 의식하게 된다.

이 기간 분노와 좌절, 사회적 고립감, 우울증 등 폭풍처럼 밀려드는 심리적 고통과 전투를 치르느라 육체와 마음이 황폐해진다. 무거운 질병과 싸우는 이들에게 병원은 좋은 공간으로 인식되기 어렵다. 특히 삶의 희망을 위해 찾지만 동시에 고통과 두려움을 적나라하게 마주하는 장소이기 때문이다.

만약 암 환자들이 병원에 머무는 동안 마치 자연 속에서 하루 이틀 휴양지에 온 듯한 기분을 느낄 수 있다면 어떨까? 잠시라도 행복을 경험할 수 있지 않을까? 그래서 떠올린 것이 '정원이 있는 병실'이었다. 방마다 창가에 작은 정원을 들여놓는 디자인을 기획한 것이다.

육체적, 심리적 질병과 고통을 치유하는 환경으로서 정원을 떠올리는 건 사실 답이 정해진 수학 공식과도 같은 발상이다. 로저 울리히의 연구에서 출발해 꾸준히 발전하고 있는 신경건축학은 자연이 주는 다양한 회복 효과를 구체적인 데이터로 증명하고 있다. '병실 정원'이 왜 필요한지 설명할 근거는 충분했다. 하지만 언제나 그렇듯 새로운 시도가 어려운 건 과학적 사실이 부족해서가 아니라 현실이라는 이름의 장벽 때문이다. 쉽게 받아들여지지 않을 거라 생각했다. 하지만 도전하지도 않고 포기할 수 없다고 다짐하며 용감하게 스케치를 완성했다. 결과는 역시 실패였다. 원인은 돈이었다. 작은 정원이었지만 여유 공간을 더 사용하면 병실 수를 줄일 수밖에 없다. 병원 측의 경영적 고민이 깊었고 결국 디자인을 접었다.

그런데 그 일이 있은 지 얼마 지나지 않아 일본의 암 전문 병원을 방문할 기회가 생겼다. 당시 국내 최초로 인터벤션Interventioan 병원 프로젝트를 진행했는데 벤치마킹을 위해 해외의 선도 병원을 직접 둘러보기로 한 것이다. 오사카에 있는 IGT 병원은 암 말기 환자 치료에 최적화된 설계로 명성이 높았다.

병원에 도착하자마자 눈을 사로잡은 건 정면에 펼쳐진 태평양

IGT 병원의 텃밭이 보이는 병실의 치유 공간

바다였다. 위치부터 범상치 않았다. 설립자 시니치 호리 박사는 일본 인터벤션 화학요법의 권위자다. 그가 오랫동안 몸담았던 종합병원을 떠나 이곳에 병원을 지은 건 환자들이 창밖으로 넓은 바다를 바라볼 수 있도록 하기 위해서였다. 하지만 모든 병실이 바다를 향한 것은 아니다. 바다 전망의 특실과 1인실도 있지만 4인 병실에서는 바다가 보이지 않는다. 그런데 바로 여기서 깜짝 놀라고 말았다. 바다가 보이지 않는 대신 병실 발코니에 작은 정원과 같은 꽃밭이 있었다. 넓은 바다가 아니어도 정원이 딸린 병실은 자연을 즐기기에 충분했다.

IGT 병원의 특별함은 병실만이 아니었다. 마치 일반 가정집처럼 병실 밖으로 나오면 복도가 아니라 거실이 있다. 환자들은 이곳에서 담소를 나누고 커피를 마신다. 식당도 따로 없다. 가정에서 그렇듯 환자들은 거실에 모여 함께 식사한다.

바다가 보이는 건물에서 작은 정원이 딸린 방에 머물며 이웃과 교류할 수 있는 IGT 병원은 내가 그렸던 휴양지의 펜션 같은 병원의 모습 그대로였다. 사실 이런 콘셉트의 공간은 국내 병원에서도 볼 수 있다. 다만 특실과 같은 한정된 공간에만 적용하고 있을 뿐이다. IGT 병원처럼 전체 공간과 동선 구획을 가정집과 친근한 이웃 공동체 콘셉트로 설계한 곳은 없다.

IGT 병원을 구석구석 살펴보는 동안 두 개의 상반된 감정이 동시에 밀려왔다. 하나는 아쉬움이었다. 우리도 충분히 구현할 수 있음에도 쉽게 시도하지 못하는 분위기가 안타까웠다. 다른 하나는 희망이었다. 정원이 있는 병실은 비록 스케치에 그쳤지만 방향은 옳았음을 확인했다. 실현 불가능한 아이디어가 아니므로 언젠가는 만들 수 있을 거라는 희망을 가슴에 담았다.

'사람 중심 공간'이라는 말은 '인간이 행복할 수 있는 공간'을 의미한다. '환자 중심 공간'이란 '환자가 행복한 병원'을 말하는 것이다. 병실에 작은 정원을 놓고, 복도 대신 거실을 만드는 시도들은 환자의 행복감이 회복력을 높인다는 과학적 사실에 근거한다.

공간은 행복 관련 다양한 신경전달물질을 만든다

미국 서던캘리포니아주립대학 신경과학과 어빙 비더먼Irving Biederman 교수는 아름다운 노을이나 숲과 같은 경치를 바라볼 때 엔도르핀과 관련된 신경세포가 활성화된다는 사실을 알아냈다. 엔도르핀은 천연 모르핀이라고 불리는 신경전달물질이다. 아름다운 자연환경을 바라볼 수 있는 공간에 있는 것만으로도 환자는 고통을 크게 줄일 수 있다. 치유 공간에서 자연환경이 얼마나 중요한 디자인 요소인지는 수없이 강조해도 부족하다.

행복을 만드는 신경전달물질에 옥시토신이 있다. 긴장감을 낮추고 세로토닌 분비를 촉진해 행복 호르몬이라고도 불린다. 신경건축학은 옥시토신 분비량을 높이는 방법으로 '소통의 공간'을 제시한다. 어느덧 병원 같지 않은 병원이 이젠 병원이 되어버린 것이 현실이지만 거의 10여 년 전 대기실에 있던 소파를 과감히 치우고 식탁형 테이블을 놓아서 서로 가까이 얼굴을 마주 볼 수 있도록 대면형 대기실로 꾸몄다. 병원 대기실 중앙에 커다란 테이블을 들여놓은 것만으로도 사람들의 행동이 변한다.

번호표를 뽑고 호출을 기다리는 동안 사람들은 어쩔 수 없이 테이블을 중심으로 둘러앉게 된다. 처음엔 어색할 수도 있지만 시간이 지나면서 서로 눈을 마주치고 미소를 교환하게 된다. 그러다 보

민트병원 대기실의 대화용 테이블

면 서로 궁금한 것을 물어보게 되고 두 명의 대화가 서너 명의 수다로 바뀐다. 때때로 조용한 병원 대기실에 웃음꽃이 피기도 한다. 공간이 소통을 만들고 소통이 행복감을 끌어올리는 효과다.

소통의 행복 효과를 처음 깨달은 건 어릴 적 엄마가 부엌에 들여놓은 커다란 아일랜드 식탁 때문이었다. 저녁을 준비하느라 바쁜 시간에도 엄마는 아일랜드 식탁에 앉은 우리들과 자연스럽게 눈을 마주 보며 대화를 나눴다. 그 시절 부엌은 가족의 소통 공간이었고 우리 모두에게는 행복한 기억의 공간이었다. 훗날 공간 디자이너가 된 후 거대한 테이블이 소통을 만든다는 사실을 깨달았다. 느낌과 경험으로 알았던 사실은 신경건축학을 통해 과학적으로도 확인되었다. 공간을 계획할 때 사람들이 모이는 공간에는 항상 따뜻한 느낌의 색채와 목재를 사용해 옥시토신과 세라토닌 분비를 자극시

켜 효과를 높이는 편이다.

신경건축학은 궁극적으로 '행복을 연구하는 학문'이다. 환자가 빠르게 회복되도록 돕는 병실, 의사가 긴장하지 않는 수술실, 알츠하이머 환자를 위한 치유 환경의 요양병원, 직원의 창의력을 높이는 사무실, 아이들의 사회성을 길러주는 어린이집, 학생의 집중력을 향상하는 교실 등 공간에 대한 사람들의 요구는 갈수록 다변화하고 있다. 공간에 대한 요구는 저마다 달라도 몸과 마음의 치유와 행복을 추구하는 니즈는 같다. 더 나은 치유 환경을 추구하는 세상의 요구가 신경건축학을 적극적으로 현장에 불러내고 있다.

4.
정원을 통해 환자 중심의 치유환경을 조성하다

자연 조경이 병원 안에 들어오기 시작했다

싱가포르 북부 이슌 지역에 위치한 쿠텍푸아트병원Khoo Teck Puat Hospital은 2010년 건립된 공공병원이다. 총 3개 병동에 550개 병실이 들어선 대형 병원은 첨단 친환경 에너지 기술을 적용한 설계로 건축상을 받기도 했다. 그런데 의료 건축계가 이 병원을 주목한 가장 큰 이유는 자연을 적극적으로 활용한 치유 환경 때문이다.

몇 해 전 싱가포르 의료시설 탐방 길에 쿠텍푸아트병원을 방문했다. 마치 거대한 식물원에 있는 듯 착각마저 불러일으키는 첫인상이 참 강렬했다. 열대식물들이 주변을 풍성하게 둘러싸고 있고 싱그러운 초록 잎사귀들이 건물 층층마다 떨어지도록 디자인된 조경은 특히 아름다웠다. 로비 중앙의 대형 폭포에서 떨어지는 시원한 물소리는 연신 귀를 자극했다.

3개 병동이 둘러싼 중앙 정원은 나무와 식물들을 빼곡하게 심어 싱가포르의 무성한 열대 풍경을 그대로 재현했다. 천장에는 인공 조명 대신 자연채광과 반사광을 설치해 실내로 햇볕이 듬뿍 들어올 수 있도록 설계되었다. 병실마다 창문에 수직과 수평의 자동 블라인드를 설치해 환자가 직접 채광을 조절할 수 있게 한 배려도 눈에 띄었다. 3개 병동은 모두 다리로 연결되어 있다. 모든 층에서 중앙의 숲을 한눈에 볼 수 있는 구조다. 층마다 중앙 정원의 풍경이 조금씩 달라지는 재미에 취해 계단을 오르내리면서도 피곤한 줄 몰랐다.

어디 이뿐인가. 건물 옥상에는 잘 가꾼 텃밭이 조성되어 있고 바닥 타일에도 나뭇잎 모양을 새겨놓았다. 늘 사람들로 북적이는 로비에서 서성이거나 혹은 불편한 대기석에 앉아 모니터만 바라보고 있는 우리나라의 종합병원 풍경과는 너무나 대조적이었다. 그러나 그 후로 몇 년 뒤 이러한 병원들이 국내에 벤치마킹됐다. 이후 보태니컬 디자인의 치유 효과가 환자들에게도 이롭다는 근거 기반 디자인에 입각하여 병원 안 자연 조경이 어느덧 익숙한 풍경이 되었다. 국내 대형 병원을 중심으로 실내 정원을 조성하는 곳들이 늘고 있다. 신촌 세브란스병원의 '힐링가든', 서울대학교병원의 '행복정원', 명지병원의 '숲마루' 등은 신경건축학이 증명한 자연의 치유력을 의료 공간에 적극적으로 적용한 좋은 예다. 이제는 국내 병원들에도 IT 한국의 장점을 살려 거대한 디지털 패널에 멋진 풍광이 넘실대는 디자인이 사유 공간의 한 부분으로 자리 잡고 있다.

'정원의 역사는 병원의 역사'라는 말이 있다. 인류 역사에서 병원

연세대학교 세브란스병원 라운지(위)와 서울대학교병원 선큰가든(아래) (출처: 백승휴)

이 없던 시대에 사람들은 질병의 고통과 공포를 신에게 기도함으로써 극복하고자 했다. 중세 유럽의 수도원은 질병의 치료와 돌봄을 수행했다. 치유 공간으로서 수도원의 핵심은 정원이었다. 모든 수도원에는 어김없이 허브 정원, 분수, 산책로가 있었다. 병원 건축이 자연의 치유력을 주목하게 된 데는 근대 간호학의 창시자인 나이팅게일Florence Nightingale의 공이 크다. 크림전쟁에서 영국의 부상병들을 돌보며 나이팅게일은 부상병 사망률을 기존 42%에서 2%로 크게 낮췄다. 그가 밝힌 비결은 충분한 영양 공급, 철저한 위생 관리, 그리고 햇볕이었다. 그는 저서 『나이팅게일의 간호론』에 이렇게 적었다.

"내가 환자들을 돌보면서 거듭 확인한 사실은 신선한 공기 다음으로 중요한 것이 빛이라는 것이다. 꽉 닫힌 문 뒤에서 환자들을 가장 힘들게 하는 것은 캄캄한 방이다. 그들이 필요로 하는 것은 그냥 빛이 아니라 햇볕을 직접 쬐는 것이다. 사람들은 빛의 효과가 정신에만 작용한다고 생각하는데 절대 그렇지 않다. 태양은 화가일 뿐 아니라 조각가이기도 하다."

나이팅게일의 믿음은 병원 디자인에 큰 영향을 미쳤다. 19세기 말부터 20세기 초에는 대부분 병원이 병실에 넓은 창을 내고 천장에도 채광창을 설치했다. 하지만 이후 세균학이 발전하고 의료기술이 발달하면서 병원은 감염을 최소화하고 의학기술을 효율적으로 사용할 수 있는 환경에 초점을 맞추기 시작했다. 특히 1950년대 이후 고층 건물이 병원 건축의 국제적 표준이 되면서 병원은 자연친화적 경관 대신 경제적 효율을 택했다. 더 많은 환자를 수용하기 위해 병실 위주로 공간을 채웠고 정원은 사라졌으며 창문의 크기도 작아졌다.

정원의 치유 효과가 다시 병원 건축의 이슈로 등장한 건 바로 로저 울리히 교수의 연구 덕분이다. 이후 환자의 심리적, 정서적 상태가 감염 위험의 노출로부터 신경면역학적으로 완충적 역할을 한다는 많은 실증적 연구 결과들이 나오면서 세계적으로 병원 내 치유 정원을 조성하는 흐름이 생겨났다. 과거 질병 치료와 예방에 집중한 의료 서비스 개념은 이제 건강 증진 지원과 건강한 삶의 질을 추구하는 방향으로 변화하고 있다. 심각한 질병으로 이행되는 것을 조기에 차단하는 방식으로 사회적, 경제적, 환경적 지속가능성을 확보한다는 의미다. 세계의 의료기관들이 정원의 회복탄력성에 더 많은 관심을 쏟고 있는 이유다.

자연 환경을 다양한 방식으로 적용하고 살린다

자연과 접촉하거나 자연과 연계된 요소를 제공하는 치유 공간은 환자의 스트레스를 낮추고 정서적 안정을 돕는다. 자연의 치유력에 관한 연구 결과를 기반으로 환자와 질병의 특성에 따라 치유 환경으로서 자연을 적용하는 다양한 해법들이 나오고 있다. 가령 아이들은 병원을 두려워한다. 간혹 심한 스트레스로 면역기능에 부정적 영향을 주기도 한다. 그런데 아이들은 성인보다 자연과 접촉하면 신체적 자기 조절 능력과 정서적 안정감을 쉽게 얻는다고 한다.

미국 시카고어린이병원(좌)과 호주 시드니어린이병원(우)의 자연 치유 정원
(출처: lafent.com[10], outhousedesign.com[11])

이런 연구 내용을 근거로 어린이 병원의 치유 정원은 심리치료를 도모하는 수종과 감각 자극을 지원하는 시설을 조화롭게 활용하면 좋다. 무려 23층 높이의 시카고어린이병원Chicago Children's Memorial Hospital의 '크라운 스카이 가든'은 나무와 자연광 외에도 소리, 조명, 조각품 등을 배치함으로써 아이들의 흥미를 유발하는 공간을 연출했다. 호주의 시드니어린이병원Sydney Children's Hospital의 '자연 치유 정원'은 자연을 연상시키는 재미난 구조물과 그림으로 동화 속 장면을 연출했다.

그런가 하면 노인 환자를 위한 치유 정원은 어린이 병원의 정원과는 다른 디자인이 요구된다. 노인의 보행거리와 시간을 고려해야 하며 치매 등 기억이 감소하는 특성을 고려해 과거의 추억과 경험을 회상하게 하는 친숙한 자연 요소를 정원 디자인에 적용하면 좋다. 노인일수록 야외활동을 늘려야 한다. 다만, 여름과 겨울 야외 활동이 제한될 수 있으므로 계절과 상관없이 신체활동이 가능한 환경을 조성하는 것도 중요하다. 또 정형외과의 정원이라면 역시 환자의 특성에 맞는 디테일이 필요하다. 수술 후 걷는 활동을 유도하는 산책로 중심의 정원을 기획하되 보행이 불편한 환자가 넘어질 경우를 생각해 부드러운 바닥재를 사용하는 배려가 필요하다.

치유 정원은 단지 식물과 의자를 배치하는 조경이 아니다. 심리적, 물리적 영향을 근본적으로 살펴 환자의 회복력에 도움을 주도록 설계된 특별한 공간이다. 나무와 식물, 벤치와 테이블, 여러 구조물 하나까지도 몸과 마음에 어떤 치유 효과를 주는지 학문적 연구를 근거로 디자인해야 한다. 공간 디자인은 보이는 것을 넘어 보이지 않는 것에 더 세심하게 접근하는 자세가 필요하다.

5.
암, 치매, 정신질환의 회복적 환경은 모두 다르다

병원에 자연 요소만 배치한다고 해서 능사는 아니다

흔히 노인요양시설은 산 좋고 물 좋은 한적한 시골 마을이 최고의 환경이라고 생각한다. 그러나 이는 치매라는 질환을 잘 모르는 이들의 막연한 추측에 불과하다. 노인들, 특히 치매를 앓는 노인의 경우 평생 살아온 익숙한 환경에서 벗어나는 것은 좋지 않다. 오히려 정신건강에 매우 부정적 영향을 미치고 수명을 단축시킬 수 있다는 연구 결과도 있다. 그 때문에 치매 환자를 위한 요양시설의 설계는 환자의 입원 전 거주 환경을 고려해야 한다.

충북 제천의 청풍호노인사랑병원은 치매 어르신을 위한 의료시설이다. 제천시에서 조금 떨어진 청풍호수 주변에 자리 잡아 주변 자연환경은 나무랄 데가 없다. 당시 리모델링 프로젝트에서 제일 먼저 고려한 건 청풍호노인사랑병원 환자의 주거 이력이었다. 그 이유는 새로 디자인할 실내 치유 정원을 입원 중인 환자들에게 익

청풍호노인요양병원

숙한 풍경으로 연출하기 위해서였다. 데이터를 살펴본 결과 대다수 환자가 제천시 인근 도농 접경지역 출신이었다. 그렇다면 실내 치유 정원은 도농접경 지역의 풍경, 즉 삶의 현장을 담은 자연풍경이 환자에게 더 긍정적인 치유 효과를 줄 수 있다고 판단했다. 그리고 노인요양병원이라고 하면 떠오르는 상투적인 자연 요소들을 배치하는 것이 아니라 지역 노인들이 실제 거주했던 생활환경과 가장 유사한 풍경이 필요했다.

그런데 공간의 한계가 분명한 로비에 환자들이 오랫동안 살아온 아담한 시골 소도시와 농촌이 어우러진 마을 풍경을 재현하는 건 꽤 까다로운 과제였다. 고민 끝에 찾은 해법은 로비라는 공간에 갇히지 않고 야외 자연과 연결함으로써 공간감을 확장하는 것이었다. 최초 설계는 병원 주위 낮은 구릉 사이를 지나 졸졸 흐르는 시냇물을 실내로 들여 다시 건물 밖으로 흐르도록 하는 것이었다. 그러나 감염 위험 등을 고려해 실내에서 자생할 수 있는 식물들을 배치하는 방식으로 변경했다.

나는 환자들이 정원에 누워 유리창 너머로 하늘을 보며 유유자적할 수 있는 '와유臥遊'의 정취를 담고 싶었다. 그래서 떠올린 것이 원두막이었다. 연령대가 높은 치매 환자의 기억 속에 익숙한 풍경이어야 하므로 디자인을 가미하지 않은 '옛 모습 그대로'의 원두막을 놓았다. 그리고 주변으로 돌담을 쌓아 옛 시골 마을을 만들었다. 익숙한 자연환경과 접촉은 치매 환자에게 부드러운 자극이 되고 기억의 소실로 인해 세상과 고립된 듯 우울감을 느끼는 어르신들의 산책을 자연스럽게 유도하는 효과가 있다.

암병원, 재활병원, 정신병원은 환자 맞춤형 공간을 설계한다

치유 공간에서 회복적 환경은 질병에 따라 설계 방향이 달라질 수 있다. 질병의 특성, 치유 과정, 그리고 환자가 겪는 마음 상태가 다르기 때문이다. 가령 암 환자들의 경우 목적지를 모른 채 여행을 가는 것처럼 아득하고 불안한 마음을 호소한다. 장기간 치료와 입원을 반복하는 암 환자로서 삶을 받아들이는 과정은 엄청난 스트레스다.

세련되고 고급스럽고 편의시설을 잘 갖춘 병원은 보기에도 좋고 치료에 집중할 수 있는 효율적인 공간일 수 있지만 마음의 치유 환경이 조성되지 않으면 환자들에게 병원은 그저 차갑고 편안하지

메디컬오스위트 여성암 요양병원. 현재 내 집과 같은 편안함을 비롯해 아름다운 전망과 채광을 고려한 암병원의 시설들이 국내에도 서서히 등장하고 있다. (출처: 병원 제공)

않은 공간일 뿐이다. 최근 새로 문을 연 메디컬오스위트 여성암 요양병원은 건축설계부터 치료 프로그램까지 오로지 여성암 환자에게 맞춘 체계적인 프로그램 및 디자인이 특징이다. 넓은 호텔식 병상과 암 전문 치료실을 비롯해 스위트 라운지, 미디어룸, 옥상 정원, 스파 등 암 환자들이 회복에 집중할 수 있는 일상 공간을 갖추고 있다. 또한 암 환자의 정서적 측면까지도 고려한 차별화된 진료 시스템 인프라를 구축해 운영하고 있다. 수술과 항암, 방사선 치료 전후 관리는 물론 1인실 룸은 우드 질감의 편안하고 내추럴한 분위기로 디자인되었으며 창가 앞에 침대를 두어 언제든지 깊은 채광과 자연 풍광을 바라볼 수 있게 바이오필릭 디자인 요소를 갖추고 있다. 이러한 공간적 요소와 더불어 일상 속 다양한 프로그램을 통해 환자 중심 병원으로 자리 잡았다. 감염으로부터 안전하게 치료와 회복 휴식을 컨셉으로 건축부터 공간 디자인을 충분히 반영한 곳이라 할 수 있다.

네덜란드의 흐로트 클림멘달 재활센터Rehabilitation Center Groot Klimmendaal는 숲속에 위치한다. 환자들은 도심 밖 재활센터를 오가며 신선한 공기와 푸른 자연을 느끼고 실내에서는 벽면 통유리창을 통해 무성한 숲속 풍경을 한눈에 담는다. 부상이나 장애가 있는 환자를 위한 재활 전문 병원은 접근성을 고려해 대부분 도심에 위치하는 게 일반적이다. 흐로트 클림멘달 재활센터가 숲속에 자리 잡은 이유는 재활이 필요한 환자에게는 몸의 재활 못지않게 마음의 재활이 매우 중요하다는 사실을 알기 때문이다.

정신병원의 경우 특히 회복적 환경으로서 치유 정원이 매우 중요한데도 오히려 가장 소외되었던 의료시설이기도 하다. 정신병원을 생각하면 하얀 벽면, 침대와 의자, 쇠창살이 고유 이미지로 떠오를 정도다. 덴마크 헬싱외르정신병원Helsingør Psychiatric Hospital은 기존의 삭막하고 폐쇄적인 공간과 다르게 자연 친화적이고 개방적으로 설계되었다. 숲 한가운데 위치한 건물은 마치 눈송이 결정처럼 5개 건물이 사방으로 뻗어 있다. 벽면에는 통유리가 설치되어 있어 어느 건물에 있더라도 주변 풍경과 햇볕을 즐길 수 있도록 했다. 인테리어도 연두색 벽면과 노란색 바닥, 주황색 의자 등 산뜻한 색채를 사용해 자유로운 분위기를 연출했다. 작업실과 회의실 같은 공용 공간은 투명한 유리로 감싸 환자들이 불안과 초조함을 덜 느끼도록 배려했다.

최근 들어 정신병원의 문턱이 많이 낮아졌지만 대중에게는 여전히 두렵고 낯선 공간이다. 만약 우리나라의 정신병원도 자연 친화적이고 개방적인 공간으로 설계된다면 정신질환으로 고통받는 사람들이 쉽게 병원을 찾을 수 있고 적극적으로 치료받는 환자가 증가할 것이다.

이는 비단 치매병원, 재활병원, 정신병원뿐만이 아니다. 인간에게 모든 종류의 질병은 두렵고 고통스럽다. 그래서 병원은 기본적으로 편안하고 기분 좋은 장소가 되기 어렵다. 마음의 치유가 쉽지 않은 환경이라는 얘기다. 자연친화적 환경은 환자들의 생각과 감정에 긍정적인 영향을 주고 신체 변화를 유도해 질병의 치유 속도가 빨라진다.

로저 울리히에서 시작된 신경건축학과 근거 기반 디자인의 연구는 병원 디자인에 자연 요소를 도입하고 자연경관을 조망하는 설계에서 더 나아가 자연경관에 따라 심리적 회복도 및 만족의 차이를 확인하는 수준에 이르렀다. 가령 있는 그대로의 자연과 디자인된 정원, 숲, 쉼터 등 환경에 따라 치유 효과가 조금씩 다르다. 과학적 근거를 기반으로 한 공간 디자인은 맞춤형 치유 환경이 가능한 시대를 열고 있다.

6.
치매 노인의 기억 속 풍경을 연상케 한다

신경건축학에 기반한 공간 설계는 치매도 늦춘다

미국 코네티컷주 뉴케이넌의 웨이버니요양원은 치매 노인을 위한 시설이다. 이곳은 디즈니랜드를 닮은 요양원으로 불린다. 디즈니랜드 설계 기법으로 공간을 디자인했기 때문이다. 꾸며진 공간인데 진짜 현실인 듯 착각하게 되는 테마파크 디즈니랜드는 사람들의 '마음을 이끄는 세계'를 창조했다. 인간의 지각과 행동에 관한 연구 결과를 근거로 디자인한 결과다. 디즈니랜드에서 사람들은 길을 따라 걸으며 각각의 개별적 공간을 관람한다.

그런데 하나의 공간에서 전혀 다른 테마의 다음 공간으로 이동할 때 사람들은 급격한 차이를 느끼기보다 자연스럽게 스며든다. 이는 한 세계를 떠나 다음 세계에 도착하는 것을 천천히 지각하도록 공간에 여러 암시적 신호를 배치했기 때문이다. 인간의 뇌는 주변 환경에서 얻은 감각적 단서를 기반으로 정보를 판단한다. 이런

디즈니 거리를 닮은 웨이버니요양원의 더 빌리지
(출처: 웨이버니요양원 홈페이지[12])

과학적 사실을 근거로 디자이너는 곳곳에 눈에 띄는 랜드마크와 음악(소리)과 향을 배치했다. 즉 장소와 장소가 자연스럽게 오버랩되도록 연결한 것이다. 사람들은 메인 스트리트를 따라 걸으면서 저절로 다양한 모험 존을 경험하게 된다.

웨이버니요양원에서 가장 유명한 공간은 '더 빌리지'다. 노인들이 방에 홀로 있는 것보다 야외에서 빛을 즐기는 것을 선호하는 라이프스타일을 배려해 만든 공간이다. 천창으로 자연광이 풍성하게 쏟아지는 메인 스트리트 양쪽으로 빅토리아풍 건축이 배치되었다. 입주자 대다수가 과거 빅토리아 시대풍의 도시 출신인 점을 고려한 것이다. 특히 거리를 따라 차양, 화단, 가짜 발코니 등이 있어 쉽게 장소를 구별하고 인식할 수 있다. 이는 기억이 흐릿한 노인들이 혼자 길을 찾을 수 있도록 의도한 디자인이다. 요양원의 어르신들은 치매를 앓고 있지만 어둑한 밤에도 혼자 빵집, 아이스크림 가게, 카페가 있는 거리를 자유롭게 돌아다닐 수 있고 무사히 자신의 병실로 복귀할 수 있다.

신경건축학은 신경과학에 기초해 뇌가 좋아하는 공간을 찾는 학문이다. 현재 알츠하이머 등 퇴행성 뇌 질환의 진행을 늦추는 공간 연구가 활발하다.

알츠하이머 등 치매는 발병 초기에는 최근의 일을 기억하지 못하는 증상을 보이다가 서서히 모든 기억을 잃고 언어 기능과 판단력과 같은 인지 기능이 악화된다. 치매 환자들은 최근의 기억부터 잃어버리기 때문에 방 문에 이름이나 전화번호를 적어놔도 구분하지 못한다. 병이 진행될수록 가족 등 가까운 사람들의 얼굴을 잊게 되고 20년간 살아온 동네에서도 길을 잃는다. 이 때문에 치매 환자들은 자신의 방도 제대로 못 찾는다는 핀잔이 두려워 익숙한 공간에서 벗어나지 않으려고 한다. 신경건축학이 내린 처방은 '기억의 소환'이다. 치매 환자들은 오래된 과거를 더 잘 기억하므로 방 문에 이름 대신 어린 시절 사진을 붙여놓으면 더 쉽게 방을 찾는다. 같은 맥락에서 방이나 거실에 어린 시절 물건들을 잔뜩 진열해놓으면 기억력 감퇴를 늦추는 효과가 있다.

대구시지노인전문병원의 회상 정원

대구시지노인전문병원의 치매 병동 설계에도 신경건축학의 처방과 기억에 관한 많은 연구 결과를 적용했다. 치매라는 질병의 특수성 때문에 어느 때보다 환자와 직접 접촉하는 의료진과 간병인들과 인터뷰에 많은 공을 들였다. 치매 병동의 경우 80대 고령의 환자가 대다수다. 이들이 과거 어느 시절의 삶을 가장 소중한 기억으로 간직하고 있는지 알아내는 게 무척 중요했다. 조사 결과 대부분 환자의 기억이 1970~1980년대에 집중되어 있었다. 아이들을 낳고 키우느라 젊음을 몽땅 바쳤던 그 시절은 경제적으로 여유롭지 않았고 늘 바쁜 일정에 쫓겨 살았다. 하지만 인생을 통틀어 가장 치열하게 살았기에 그 시절이 기억 속에 깊게 각인된 것이다. 점차 잃어가는 기억과 그로 인한 마음의 상처를 치유할 수 있는 환경은 '노스텔지어Nostalgia'의 공간이어야 했다.

그리운 옛 추억으로 가득한 공간에서 가장 심혈을 기울인 장소는 '중정'이었다. 병동의 중앙에 중정을 두 곳 배치하고 자연광을 듬뿍 받을 수 있는 위치에 데이룸을 만들었다. 어느 병실이든 밖으로 나와 복도를 따라 걷다 보면 자연스럽게 중정과 데이룸에 도착할 수 있도록 동선을 설계했다. 두 곳의 중정은 녹지 정원 대신 1970~1980년대의 도시와 동네 풍경을 재현했다. 그중 골목 입구 찐빵 가게와 아이들이 쪼그려 앉아 오락기를 두드리던 문방구, 인조가죽 냄새 가득했던 다방, 다소 촌스러운 포즈의 가족사진으로 쇼윈도를 장식한 사진관, 지금은 사라졌지만 도시 골목에서 흔히 볼 수 있었던 평상, 명절날 고향에 갈 기차표를 끊기 위해 줄을 서야 했던 기차역 매표창구가 있는 공간이다.

그리고 그 시절에 흔했던 나무 벤치를 두어 산책에 나선 어르신들이 이 벤치에 앉아 쉬는 동안 자연스럽게 대화를 나눌 수 있도록 했다. 이로써 회상 효과Reminiscent Effect를 접목한 공간 디자인이 완성되었고 근거 기반 디자인의 결과를 증명하기 위해 내가 소속된 인천가톨릭대학교 헬스케어디자인 전공 연구생들과 함께 직접 치매 환자들을 관찰하면서 연구하고 있다.

차별화된 의료 서비스가 경쟁력이 된다

노인 인구가 많아지고 노인성 질환을 다루는 병원과 요양원이 늘어가는 요즘 노인 전문 의료시설은 일반적인 병원과 다른 접근이 필요하다. 과거 노인 전문 의료시설의 디자인은 노인이라는 약자를 배려하지 않고 더 많은 인원을 수용하기 위한 목적으로 경제성만을 고려한 경우가 대부분이었다. 노인을 제대로 이해하지 못한 열악한 시설은 화재가 발생하면 대피 능력이 저하된 노인들이 다치거나 죽는 등 재해가 클 수밖에 없었다.

노인 환자들은 코너를 돌다가 넘어지거나 다치는 경우가 많다. 따라서 벽면이나 기둥을 둥글게 하는 것이 좋다. 관절이 약해 침대를 오르내리는 것도 여의치 않으므로 침대 높이는 종아리나 무릎 정도로 조정해야 한다. 또 몸의 균형 감각이 떨어지기 때문에 작은 충격에도 쉽게 넘어지고 다친다. 낙상은 교통사고에 이어 두 번째로 많은 노인 사고사의 원인이다. 따라서 미끄러져 넘어지지 않도록 매끄러운 재질의 바닥재를 피하고 화장실이나 복도처럼 움직임이 많은 곳에는 안전 바 설치가 필수다.

그런데 신경건축학은 고사하고 이런 기본적인 사항조차 현장에서 무시되는 경우가 적지 않다. 비용 문제로 소극적 태도를 보이기도 하고 환자 당사자가 아니라 또 다른 수요자, 즉 실제 계약을 주도하는 젊은 자녀 세대의 눈을 사로잡을 디자인 트렌드에 더 많은 관심을 보이는 약삭빠른 노인 사업 공급자의 마인드가 여전히 자리 잡고 있다. 하지만 이미 초고령 사회에 접어들었고 의료 서비스 이용자의 중심축도 고령 세대로 빠르게 이동하고 있다. 고령 인구가 앓고 있는 만성질환이나 중증 질병에 대한 의료 서비스 수요는 더 확대될 것이다. 유럽과 북미에서 요양과 정서적 안정이 중요한 분야의 의료시설들이 중심이 되어 신경건축학을 적극적으로 공간 디자인에 적용하는 이유다.

미래의 병원은 단순히 치료 기능뿐만 아니라 길어진 노년의 삶을 행복하고 풍요롭고 보낼 수 있도록 지원하는 역할도 함께 수행하게 될 것이다. 그만큼 고령 세대를 타깃으로 하는 차별화된 의료 서비스가 곧 병원의 경쟁력인 시대가 코앞에 다가왔다.

7.
통제보다 자유로움이 치유 효과가 더 크다

통제 중심 정신병원 공간이 환자의 폭력성을 높인다

"진찰실에서 몰래 나올 수 있는 문을 내주세요."

아주 오래전 어느 병원 진료실을 리모델링할 때 의료진이 이런 요청을 해왔다. 나는 순간 놀랐으나 이내 의사도 환자를 피하고 싶은 심정을 이해했다. 물론 당시엔 너무나 바쁜 의사들이 화장실도 못 가는 상황이라 잠시 진료를 멈추고 다녀올 수 있기 위한 방안으로의 대안이었다.

그런데 이후 의료 현장의 우발적 폭력으로 인해 결국 의사가 사망하는 사건이 정신의학과에서 발생하고야 말았다. 당시 정신질환을 앓는 환자의 폭력으로 담당 의사가 병원에서 사망하는 충격적인 사건이 발생했던 것이다. 이제 의사의 긴급 피신을 위한 작은 문을 내는 것은 의례가 되었다. 하지만 그것이 정답이라고 말할 수는 없다. 분명 더 나은 대안이 있을 것이고 앞으로 공간에서 돌발

정신병원의 철창(위)과 원형의 감시탑 파놉티콘Panopticon(아래) (출처: 위키피디아[13])

사항에 대처할 수 있는 검증된 연구 결과가 나와서 위험한 진찰실에서 또다시 사건이 생기지 않길 바란다.

동서양을 막론하고 정신병원의 이미지를 대표하는 건 철창이다. 철창은 강력한 통제 공간을 의미한다. 정신병원의 공간 계획은 오랫동안 최대한 많은 환자를 수용하면서 최소한의 인원이 감시하고 제어할 수 있는 환경에 초점을 맞춰왔다. 환자는 '인지능력과 판단력이 부족한 관리 대상'이라는 공급자 관점의 접근이다.

초기 정신병원에서 통제는 '안전'을 확보하는 수단이었다. 그래서 철창뿐만 아니라 벽과 천장 등에 장식을 없앴다. 이는 자살, 자해, 공격성으로 인한 안전사고를 제어하기 위함이다. 그러나 세월이 흐르면서 정신병원에도 변화가 찾아왔다. 통제 방식을 바꾸고 철창을 제거하는 병원이 늘고 있다.

신경건축학의 문을 연 로저 울리히는 2018년 『환경심리학 저널』에 '정신과 병동 디자인으로 공격적 행동을 줄일 수 있다.'라는 연구 결과를 소개했다. 새로운 형태의 정신병원과 기존 통제형 정신병원 입원 환자를 비교한 결과 통제를 줄인 병원에서 강제 주사 비율이 더 낮았고 신체구속 횟수는 무려 50%나 감소한 것으로 나타났다. 이 연구는 '물리적 환경이 환자의 스트레스에 강하게 영향을 미치고 공격성을 유발한다.'라는 가설을 전제로 진행되었다.

환자는 정신질환이든 치매든 스스로 통제를 선택하지 않았다. 외부에 의한 통제는 그 자체로 스트레스를 높인다. 통제 공간은 모두 밀집도가 높다. 또 자연과 접촉이 어렵고 환자 간 소통을 제한하는 구조라는 특징이 있다. 이 요소만 개선해도 환자의 스트레스와 공격성을 크게 낮출 수 있다. 스웨덴 외스트라병원의 응급정신과 병동Östra Hospital-Emergency Psychiatry Ward, 덴마크 아벤라정신병원Aabenraa Psychiatric Hospital, 덴마크 헬싱외르 정신의학병원, 일본 사가의 정신건강클리닉, 국내 명지병원의 해마루 병동은 스트레스를 낮추는 공간 디자인을 대표하는 정신병원들이다. 공통점은 '개방성'과 '바이오필릭biophilic 디자인'이다.

국내 정신병원들의 공간도 치유적 관점으로 바뀌고 있다. 전주

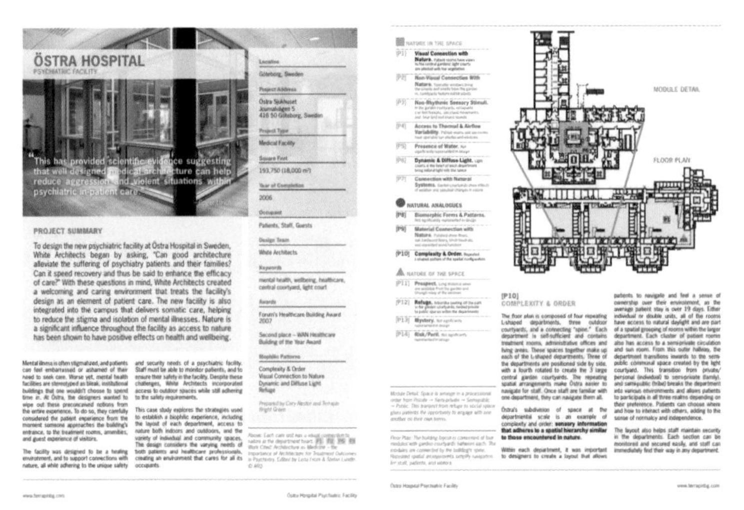
ÖSTRA HOSPITAL
PSYCHIATRIC FACILITY

"This has provided scientific evidence suggesting that well designed medical architecture can help reduce aggression and violent situations within psychiatric in-patient care."

PROJECT SUMMARY

To design the new psychiatric facility at Östra Hospital in Sweden, White Architects began by asking, "Can good architecture alleviate the suffering of psychiatry patients and their families? Can it speed recovery and thus be said to enhance the efficacy of care?" With these questions in mind, White Architects created a welcoming and caring environment that treats the facility's design as an element of patient care. The new facility is also integrated into the campus that delivers somatic care, helping to reduce the stigma and isolation of mental illnesses. Nature is a significant influence throughout the facility as access to nature has been shown to have positive effects on health and wellbeing.

Mental illness is often stigmatized, and patients can feel embarrassed or ashamed of their need to seek care. Worse yet, mental health facilities are stereotyped as bleak, institutional buildings that one wouldn't choose to spend time in. At Östra, the designers wanted to wipe out these preconceived notions from the entire experience. To do so, they carefully considered the patient experience from the moment someone approaches the building's entrance, to the treatment rooms, amenities, and guest experience of visitors.

The facility was designed to be a healing environment, and to support connections with nature, all while adhering to the unique safety and security needs of a psychiatric facility. Staff must be able to monitor patients, and to ensure their safety in the facility. Despite these challenges, White Architects incorporated access to outdoor spaces while still adhering to the safety requirements.

This case study explores the strategies used to establish a biophilic experience, including the layout of each department, access to nature both indoors and outdoors, and the variety of individual and community spaces. The design considers the varying needs of both patients and healthcare professionals, creating an environment that cares for all its occupants.

Location
Göteborg, Sweden

Project Address
Östra Sjukhuset
Journalvägen 5
416 50 Göteborg, Sweden

Project Type
Medical Facility

Square Feet
193,750 (18,000 m²)

Year of Completion
2006

Occupant
Patients, Staff, Guests

Design Team
White Architects

Keywords
mental health, wellbeing, healthcare, central courtyard, light court

Awards
Forum's Healthcare Building Award 2007

Second place – WAN Healthcare Building of the Year Award

Biophilic Patterns
Complexity & Order
Visual Connection to Nature
Dynamic and Diffuse Light
Refuge

NATURE IN THE SPACE
[P1] Visual Connection with Nature.
[P2] Non-Visual Connection With Nature.
[P3] Non-Rhythmic Sensory Stimuli.
[P4] Access to Thermal & Airflow Variability.
[P5] Presence of Water.
[P6] Dynamic & Diffuse Light.
[P7] Connection with Natural Systems.

NATURAL ANALOGUES
[P8] Biomorphic Forms & Patterns.
[P9] Material Connection with Nature.
[P10] Complexity & Order.

NATURE OF THE SPACE
[P11] Prospect.
[P12] Refuge.
[P13] Mystery.
[P14] Risk/Peril.

MODULE DETAIL

FLOOR PLAN

[P10]
COMPLEXITY & ORDER

The floor plan is composed of four repeating L-shaped departments, three outdoor courtyards, and a connecting "spine." Each department is self-sufficient and contains treatment rooms, administrative offices and living areas. These spaces together make up each of the L-shaped departments. Three of the departments are positioned side by side, with a fourth rotated to create the 3 large central garden courtyards. The repeating spatial arrangements make Östra easier to navigate for staff. Once staff are familiar with one department, they can navigate them all.

Östra's subdivision of space at the departmental scale is an example of complexity and order: **sensory information that adheres to a spatial hierarchy similar to those encountered in nature.**

Within each department, it was important to designers to create a layout that allows patients to navigate and feel a sense of ownership over their environment, as the average patient stay is over 19 days. Either individual or double units, all of the rooms have access to natural daylight and are part of a spatial grouping of rooms within the larger department. Each cluster of patient rooms also has access to a semi-private circulation and sun room. From this outer hallway, the department transitions towards to the semi-public communal space created by the light courtyard. This transition from private/personal (individual) to semi-private (family), and semi-public (tribe) breaks the department into various environments and allows patients to participate in all three realms depending on their preference. Patients can choose where and how to interact with others, adding to the sense of normalcy and independence.

The layout also helps staff maintain security in the departments. Each section can be monitored and secured easily, and staff can immediately find their way in any department.

Östra Hospital Psychiatric Facility

스웨덴 외스트라병원의 새로운 정신과 시설에서 로저 울리히의 연구팀은 중정에 자연적 요소를 도입한 시설이 환자들에게 치유적 효과가 있음을 입증했다.
(출처: terrapinbrightgreen.com[14, 15])

마음사랑병원은 '자연과 가까워질수록 사람이 사람다워진다.'라는 생각을 토대로 병원에 크고 작은 정원을 만들었다. 특히 '언제라도 고개만 돌리면 자연을 느낄 수 있다.'라는 신념으로 모든 입원실에 자연이 내다보이는 창을 만들어 환자들에게 빛과 자연의 푸르름을 경험할 수 있게 했다. 전주마음사랑병원의 입원 환자들은 늘 자연을 걸으며 숨을 쉰다. 곳곳에 나무와 풀, 꽃, 사이사이에 흐르는 물소리로 인해 치유를 경험하고 있다. 더구나 모든 것이 인위적이지 않도록 연못의 물조차 병원 뒷산에서 흘러나오는 지하수를 사용했다. 또한 옥상 정원은 낙상 방지로 펜스를 설치했지만 자연과 격리되는 느낌을 줄이기 위해 펜스에 창을 내어 산을 바라볼 수 있도록

전주마음사랑병원 (출처: 병원 제공)

디자인했다. 이런 환경을 통해 '직원은 물론 환자나 환자의 보호자가 그 환경의 주인이 된다.'라는 생각으로 공간에 자연을 들인 것이다. 의료진 역시 "공간은 환자와 직원이 함께 만들어 가는 것이라는 무언의 공감대가 형성되고 있다."라고 설명했다. 그만큼 바이오필릭 디자인은 이렇게 점점 우리의 의료환경에 긍정적인 모습으로 퍼져나가고 있다.

배회할 권리를 보장하기 위해 가짜 버스 정류장도 만든다

입원 환자에 대한 통제가 당연한 듯 적용되는 의료 공간 중 다른 하나는 치매병원이다. 치매 환자의 흔한 특징은 바로 '배회'다. 치매 환자가 길을 잃고 배회하는 까닭은 길을 나선 목적을 금방 잊어버리는 데다 다시 돌아갈 길을 기억하지 못하는 탓이다. 이런 이유로 과거 치매병원은 환자의 자유로운 이동을 통제하는 방식으로 안전사고를 막고자 했다. 그러나 강압적 통제는 장기적으로 뇌 활동에 부정적 영향을 미친다. 병원이 치유 공간으로서 역할을 제대로 수행하지 못하는 것이다.

인천참사랑병원의 햇살데이케어센터는 통제 대신 '배회할 권리'를 보장하자고 의기투합해 만든 치매병원이다. 이곳에는 '버스가 오지 않는 정류장'이 있다. 이 정류장은 독일 발터 코르데스 요양원의 가짜 버스 정류장을 모티프로 한 것이다. 발터 코르데스 요양원은 입원한 환자들이 자주 건물 밖으로 나가 길을 잃는 문제로 고민이 많았다. 노인들은 가족이 보고 싶어 버스를 타러 나갔다. 하지만 막상 버스정류장에 도착하면 왜 나왔는지 이유를 잊어버렸다. 물론 요양원으로 돌아가야 한다는 사실도 기억하지 못했다. 요양원 직원들은 매일 길가 버스정류장에 앉아 있는 노인들을 데려오는 일을 반복했다. 영영 길을 잃거나 사고를 당할 위험이 컸다. 요양원은 노인들이 밖에 나가지 못하도록 통제하는 대신 시설 앞에 가짜 버스정류장을 만들었다. 버스를 타기 위해 문밖을 나온 노인들은 가짜 버스정류장의 벤치에 도착한다. 어차피 버스는 오지 않고 옆에 앉은 노인과 대화를 나누다 보면 시간 가는 줄도 모른다. 가짜 버스정류장은 요양원 노인들의 새로운 휴식처가 되었다.

햇살데이케어센터의 '버스가 오지 않는 정류장'은 실내 공용 공간으로 설계되었다. 환자 동선을 고려해 휴식 공간에서 머물다 자연스럽게 만나게 되는 지점에 시골길의 흔한 버스 정류장을 재현했다. 벽면 전체에 평화로운 시골 풍경을 펼치고 바닥은 초록의 잔디를 연상하게 하는 마감재를 적용했다. 독일처럼 건물 밖 야외공간에 가짜 버스정류장을 만들 수는 없었지만 병동 안에서만큼은 어르신들이 자유롭게 돌아다니다가 정류장 벤치에 앉아 오후 시간을 여유롭게 보내길 바랐다. 그밖에 복도 끝자락엔 흔들의자를 배치해서 외부를 바라보며 앉아서 회상할 수 있는 공간들을 곳곳에 마련했다.

이렇듯 어르신을 포함해서 정신질환자 등 환자들을 강압적으로 통제하는 대신 공간 설계를 통해 최대한 주도적 활동을 지원하고 환경이 환자에게 미치는 영향을 연구하는 다양한 실험들이 세계

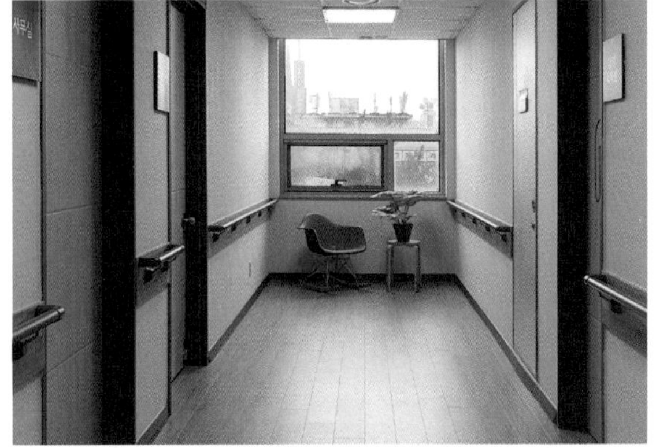

인천참사랑병원의 햇살데이케어센터의 배회 공간에는 '버스가 오지 않는 정류장'과 창가쪽 흔들의자가 놓여 있다.

곳곳에서 진행되고 있다. 특히 문을 잠그는 대신 환자복에 센서를 부착해 일정 범위를 벗어났을 때 제어할 수 있도록 하는 기술이 등장하고 담을 높이는 대신 조경수를 빽빽하게 세워 활동 범위를 제한하되 통제감을 느끼지 않도록 환경을 조성하기도 한다.

세계보건기구는 정신건강의 개념을 '일상생활에서 언제나 독립적이고 자주적으로 행동하고, 문제를 처리할 수 있고, 질병에 대한 저항력이 있고, 원만한 가정생활과 사회생활을 할 수 있는 상태이자 정신적으로 성숙한 상태'로 정의한다. 의료시설에서의 통제가 곧 안전을 의미하던 시대도 있었다. 그러나 과학적 연구를 통해 정신 관련 질환도 자연과 가까운 환경에서 가능한 자율적이고 독립적 활동을 유지할 때 회복 효과가 높다는 사실이 속속 증명되고 있다. 정신건강을 다루는 의료시설도 다른 분야처럼 우울증, 치매, 중독, 정신질환 등 질병별로 모두 다른 공간 설계가 필요하다. 개방적이고 자율적이면서 동시에 기능적인 새로운 공간 모델은 의료계와 공간 전문가들의 적극적 요구와 노력으로 계속 발전할 것이다. 모두가 기억해야 할 것은 하나다. 공간은 환자를 변화시킬 수 있다.

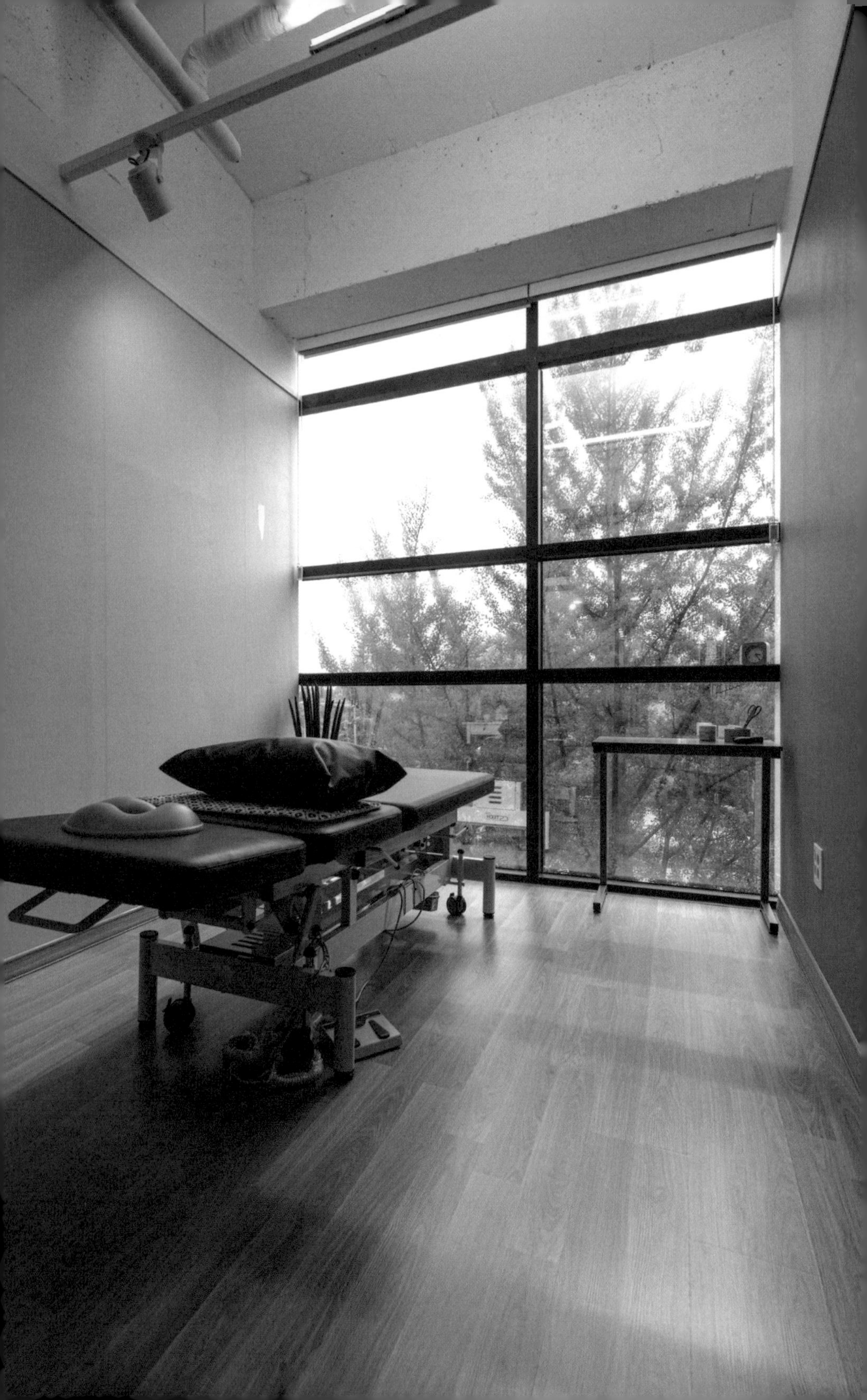

• 5부 •

[근거 기반 디자인]

공간 디자인은 감정이 아니라 과학이다

1.
연구에 기반한 근거 기반 디자인이 뜬다

천장이 높으면 창의적 아이디어가 더 많이 떠오른다

1960년 미국 샌디에이고 라호야 지역에 세워진 소크연구소는 세계 5대 생명과학연구소 중 하나로 꼽힌다. 연구소의 설립자 조너스 소크Jonas Salk 박사는 척수성 소아마비를 정복한 소크 백신의 개발자다.

척수성 소아마비는 폴리오Polio 바이러스가 척수신경에 침범해 팔과 다리를 마비시키는 전염성 질환이다. 뇌성 소아마비는 전염성이 없는 반면 척수성 소아마비는 감염자의 분비물이나 배설물 등을 통해 바이러스가 전파된다. 주로 5세 이하의 아이들에게서 발병하는데 1950년대 초반까지만 해도 사망률이 7%에 달했다. 100명 중 7명꼴로 발병 2주 이내에 목숨을 잃었다. 생존하더라도 평생 사지마비를 안고 살아야 하기 때문에 20세기 가장 무서운 어린이 전염병으로 악명이 높았다.

루이스 칸이 설계한 소크연구소 (출처: 소크연구소 홈페이지[16])

1955년 소크 백신이 개발되고 불과 2년 만인 1957년 미국의 발병률이 90% 이상 감소했고 1979년 이후 척수성 소아마비 감염 환자가 완전히 사라졌다. 보통 새로운 백신을 개발하면 거액을 받고 제약회사에 특허권을 넘기는 것이 일반적이다. 하지만 소크 박사는 달랐다. 그는 "세상의 모든 어린이는 소아마비로부터 자유로울 권리가 있다."라고 하며 백신을 전 세계에 무료로 공개했다. 그 결과 전 세계 아이들이 1달러 이하의 가격으로 소크 백신을 맞을 수 있게 되었다. 세계보건기구WHO는 1994년 서유럽에 이어 2000년 우리나라를 포함한 서태평양 지역 37개국의 소아마비 박멸을 선언했다. 현재 내전을 겪는 등 일부 국가를 제외한 모든 나라에서 척수성 소아마비는 종적을 감췄다.

소크 박사의 헌신에 감동한 사람들은 그가 돈 걱정 없이 연구에 매진할 수 있도록 거액의 기부금을 전달했다. 소크 박사는 그 돈으로 자신의 이름을 딴 소크연구소를 세웠다.

현재 이곳에선 소크 박사의 뒤를 이어 1,100여 명의 연구원들이 암, 유전병, 알츠하이머, 에이즈 등 기초 생명공학 연구를 수행하고 있다. 세계적인 연구소들과 비교하면 규모가 작은 편이지만 알츠하이머 등 노화로 인한 질병과 식물 연구 분야에서 명성이 대단하다. 특히 노화의 원인인 텔로미어 연구로 2009년 노벨 생리의학상을 받은 엘리자베스 블랙번Elizabeth Blackburn 캘리포니아대학 명예교수를 포함해 노벨상 수상자를 6명이나 배출했다.

건물은 루이스 칸Louis Kahn 예일대학교 교수가 설계했다. 소크 박사는 세계 최고의 연구자들을 영입하기 위해 아름다운 시설을 원했다. 미국으로 망명한 러시아계 유대인이란 공통점이 있는 건축가 루이스 칸을 만나서 깊이 교감하며 건축을 진행했다. 그 결과가 소크연구소 건물이다.

그런데 소크연구소의 연구원들은 놀라운 성과의 비결로 '높은 천장'을 꼽는다. 하버드대학교나 매사추세츠공대MIT에 있을 때보다 천장이 높은 소크연구소에서 창의적인 아이디어가 더 많이 떠오른다는 게 이유다. 실제로 대부분 건물의 천장 높이가 2.4미터 정도인 데 비해 소크연구소는 모든 연구실의 천장 높이가 3미터 이상이다.

여느 건물보다 높은 천장은 소크 박사의 요구였다. 1950년대 초반 한창 백신 개발에 몰두할 때였다. 소크 박사는 수년간 연구에 매진해도 성과가 없자 머리를 식힐 겸 이탈리아 중부 아시시 마을로 여행을 떠났다. 연구는 잠시 잊고 마을의 아름다운 풍경과 13세기에 지어진 오래된 성당들을 돌아다니며 휴식을 취했다. 그러던

프랑스 루이비통 파운데이션 로비 디자인. 높은 천장고는 창의적이고 자유로운 분위기에 도움을 준다.

두오모 성당. 중세 수도원의 높은 천장고는 탁 트인 느낌을 준다.

어느 날 고성당 안에서 시간을 보내던 소크 박사는 불현듯 연구의 매듭을 풀 아이디어를 떠올렸고 그 즉시 돌아와 소아마비 백신을 개발하는 데 성공했다.

소크 박사는 수년간 씨름해도 풀리지 않던 문제의 해답을 13세기 고성당 안에서 찾은 이유를 생각했다. 그의 결론은 높은 천장이었다. 소크 박사는 당대 최고의 건축가인 루이스 칸에게 소크연구소 설계를 맡기며 단 하나의 요구를 했다. 바로 천장을 높게 만들어달라는 것이었다.

"연구실에서 쉬지 않고 일만 할 때는 도무지 떠오르지 않던 아이디어가 엉뚱하게도 13세기에 지어진 성당 안에서 떠올랐습니다. 천장의 높이가 무척 높아 사고의 공간이 넓어지는 느낌이었습니다. 그래서 내 이름을 딴 연구소의 모든 공간은 천장이 높았으면 좋겠습니다."

과연 소크 박사의 믿음처럼 천장이 높을수록 창의적 발상이 이뤄지는 걸까? 소크 박사가 고성당 안에서 백신 아이디어를 떠올리고 소크연구소에서 노벨상 수상자가 줄줄이 탄생한 것이 정말로 높은 천장 때문인 걸까?

천장 높이가 우뇌와 좌뇌의 활동에 영향을 미친다

이에 대한 답을 찾기 위해 조앤 마이어스-레비Joan Meyers-Levy 미네소타대학교 경영학과 교수는 2007년 흥미로운 실험을 진행했다. 천장 높이가 각각 2.4미터, 2.7미터, 3미터인 건물에 실험 참가자들을 모아놓고 창의력이 필요한 문제와 집중력이 필요한 문제를 풀도록 했다. 문제를 푸는 동안 피실험자들이 두뇌 활동을 측정했다. 그 결과 추상적이고 창의력이 필요한 문제는 천장 높이가 3미터인 건물에서 두 배 이상 높은 점수가 나왔다. 집중력이 요구되는 연산 문제는 가장 낮은 2.4미터 건물에서 점수가 제일 높았다.

그렇다면 서로 다른 공간에서 실제로 두뇌 활동은 차이가 있었을까? 측정 결과 천장이 높은 공간에 있을 때는 추상적 사고를 관장하는 우뇌가 활발하게 움직이고 천장이 낮은 공간에서는 이성적 사고를 담당하는 좌뇌의 움직임이 활발해지는 것이 확인되었다. 2008년 국제 학술지 『소비자행동저널』에 실린 이 연구 결과는 천장 높이와 창의력 사이의 연관성을 밝혀낸 첫 사례로 꼽힌다. 고도의 집중력이 필요한 직업군은 천장이 낮을수록 업무 효율이 높아지고, 자유로운 사고와 창의적인 아이디어가 요구되는 직업군은 천장이 높은 공간에서 더 높은 성과를 낸다는 사실이 과학적으로 입증되었다.

공간은 단순한 물리적 기능을 뛰어넘어 그 공간에 머무는 사람의 생각, 감정, 나아가 신체 반응에도 강력한 영향을 미친다. 창으로 보이는 자연환경, 천장 높이, 벽의 색과 조명의 밝기, 벽지 패턴과 가구, 화분과 그림, 음악, 향 등 공간을 구성하는 환경 요소들은 모두 뇌의 활동에 영향을 주고 우리 몸의 치유력을 높이는 기능을 한다. 주관적이고 추상적인 감정이 아니다. 객관적이고 검증 가능한 과학이다.

창의적인 활동을 하는 사람들이 어울리는 공간. 천장을 개방하고 최대한 높게 연출한 모습은 근거 기반 디자인의 좋은 사례로 볼 수 있다.

과거 디자인은 보기 좋은 모습을 만들어내는 것에 집중했다. 그러나 지금은 신뢰할 수 있는 연구에 기반한 근거 기반 디자인EBD, Evidence Based Design이 대세다. 근거 기반 디자인은 과학 연구로 확인된 영향력을 극대화하는 디자인으로 사용자에게 더 안전하고 더 편안한 환경을 제공하는 것을 목표로 한다. 특히 의료 공간 설계에서 근거 기반 디자인은 중요성이 더 부각된다. 로저 울리히의 실험은 간과하기 쉬운 디자인 요소가 환자의 건강에 매우 큰 영향을 미친다는 사실을 과학적으로 입증한 연구로서 근거 기반 디자인의 기초가 되었다.

근거 기반 디자인은 공간 배치, 인테리어 디자인, 전구의 밝기 등 디자인 요소가 환자에게 미치는 영향을 연구한다. 가령 중환자실의 침대가 간호사 스테이션에서 잘 보이지 않는 경우 31%의 확률로 낙상사고가 발생하고 30% 더 높은 사망률을 보인다. 반면 간호사 스테이션에서 환자의 침대가 잘 보이도록 배치된 중환자실은 다른 중환자실에 비해 42% 낮은 사망률을 보인다는 사실도 확인되었다.

근거 기반 디자인은 연구에만 그치지 않고 이를 디자인과 연결해 실제 공간 설계에 어떻게 적용할지 해법을 찾는다. 사람 중심 공간을 지속적으로 사회에 제공하려면 근거 기반 디자인을 현장에 적용해야 한다. 그러기 위해서는 근거 기반 디자인 연구자들뿐만 아니라 디자이너, 의료인과 병원 관계자, 엔지니어 등 이해관계자들이 먼저 디자인이 사용자(환자)에게 미치는 영향을 인지하고 변화를 위한 노력을 결심해야 한다. 어떤 훌륭한 연구와 디자인도 결국 사람이 움직이지 않으면 혁신의 과실을 거둘 수 없다.

2.
자연을 우리가 사는 공간으로 가져오다

수술실에 그림을 거는 것으로 바이오필릭 디자인을 하다

"수술실에 그림을 겁시다."

오래전 가톨릭대학교 대전성모병원 리모델링을 진행할 때의 일이다. 종합병원 전체를 새로 디자인하는 프로젝트였다. 경영진, 의료진, 직원까지 모두 참여하는 코크리에이션 워크숍을 처음 적용했던 현장이다. 말도 많고 탈도 많았지만 그만큼 감동과 웃음으로 보상받았고 결과적으로 모두가 만족하는 치유 공간으로 변신하는 데 성공했다.

당시에는 욕심 많고 겁이 없었던 젊은 시절이라 새로운 시도를 하는 데도 거침이 없었다. 그중 대표적 사건이 바로 수술실 벽면에 그림을 걸 수 있는 공간을 만든 것이다. 당시 아이디어를 들은 사람들의 첫 반응은 약간의 차이가 있을 뿐 대체로 같았다.

"왜요?"

충분히 예상했던 터라 차분히 의도를 설명할 수 있었다. 다행히 병원 측의 전폭적인 신뢰 덕분에 다소 엉뚱한 아이디어를 현장에 그대로 구현할 수 있었다.

수술실은 매우 예민한 공간이다. 첨단 의료기기와 감염에 대응하기 위한 완벽에 가까운 안전시설이 집중되어 있다. 그리고 무엇보다 생명을 걸고 누워 있는 환자와 그 생명 앞에 최선을 다하는 의료진의 팽팽한 긴장감이 가득한 곳이다. 당시 수술실에 그림을 걸자고 한 까닭은 의료 실수의 주요 원인이 수술 중 의사들이 느끼는 과도한 스트레스 때문이라는 연구 결과 때문이다. 실수하면 환자가 죽을 수도 있다는 압박감은 두려움을 증폭하고 의사의 잠재적 공포심이 되레 실수를 유발한다고 한다.

사방이 막힌 차가운 공간에 평화롭고 아름다운 자연풍경의 그림 한 점이 있다면 심리적 안정에 긍정적 영향을 줄 수 있다. 그도 아니면 각자 자신이 좋아하는 그림을 거는 것도 긴장 해소에 도움이 된다. 자연풍경의 그림이 긴장도를 낮춘다는 근거는 충분하다. 그 중 흰색 벽에 창문도 없는 응급실에 자연풍경의 벽화와 화분을 놓았더니 응급실을 이용하는 사람들의 스트레스와 적대감이 감소되었다는 연구뿐만 아니라 자연풍경의 사진을 본 학생들이 건물 사진을 본 학생들보다 실험 기간 중 스트레스 반응이 낮아졌다는 연구 결과도 있다.

자연풍경의 그림을 적용한 곳은 수술실뿐만이 아니었다. 창 없는 구내식당에 큰 테라스 창을 벽화로 그려 넣었다. 비록 그림이지만 창 너머 평화로운 자연풍경이 펼쳐졌다. 식사는 단지 배고픔을 해결하는 행위가 아니다. 실제로 대다수 현대인은 점심시간을 휴식시간으로 인식한다. 잠시 감정노동에서 벗어나 정서적으로 안정을 찾고 활력을 충전하는 것이다(엠브레인리서치, 2020). 따라서 구내식당은 한 끼 후루룩 해치우는 곳이 아니라 치유 공간이어야 하고 자연과 접촉이 꼭 필요한 공간이다.

바이오필리아 효과에서 바이오필릭 디자인으로 나아가다

큰 창도 없고 주변에 자연이 없을 때 단지 자연을 연상토록 하는 공간 디자인만으로도 치유 효과를 경험할 수 있다. 자연의 이미지를 도입한 환경은 스트레스를 낮추고 인지력과 집중력을 높인다. 수술실과 식당 벽에 자연풍경의 그림을 놓은 건 디자이너 개인의 취향이나 막연한 추측이 아니라 '바이오필리아 효과biophilia effect'를 유도한 디자인이다. 바이오필리아 효과란 시각, 청각, 후각, 촉각을 통해 자연을 느끼는 과정에서 스트레스 경감과 집중력 향상 등 긍정적 영향을 받는 것을 말한다.

바이오필리아는 생명을 뜻하는 '바이오Bio'와 그리스어로 사랑을 의미하는 '필리아Philia'의 합성어다. 직역하면 '생명 사랑'을 뜻하는데 미국 하버드대학교 생물학과 에드워드 윌슨Edward O. Wilson 교수의 '바이오필리아' 이론에 근거한다. 자연환경이 인간의 정서뿐만 아니라 면역 기능에 긍정적 영향을 미치고 결과적으로 치유 효과를 높인다는 사실은 이미 과학으로 검증되었다.

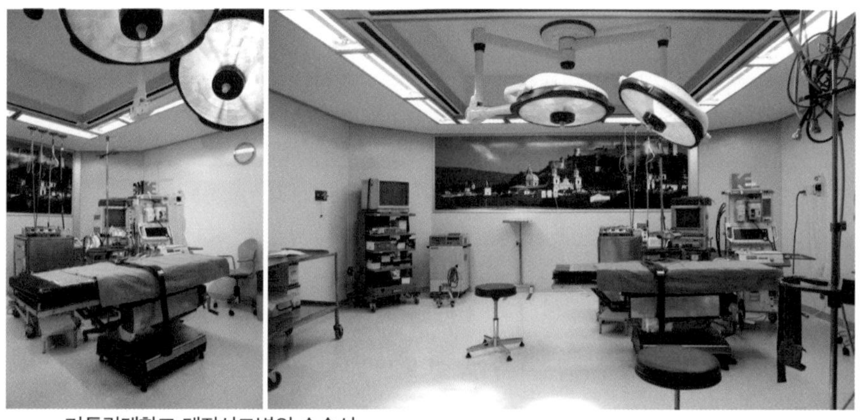
가톨릭대학교 대전성모병원 수술실

그런데 왜 인간은 자연과 가깝게 지낼수록 몸과 마음이 치유되는 걸까에 대해서는 답을 찾지 못했다. 이에 대해 윌슨 교수는 인간의 본성에 존재하는 바이오필리아 때문이라고 설명한다. 그의 설명을 요약하면 모든 인간에게는 생명체와 생명 활동 자체에 특별한 애착을 느끼는 바이오필리아가 있으며 본능적으로 자연과의 관계를 원한다는 것이다. 자연과 접촉하면 스트레스가 줄고 행복감이 커지고 면역체계에 긍정적 영향을 받는 이유가 모두 인간 본연의 욕구를 충족하기 때문이라는 얘기다.

윌슨 교수 연구팀의 주장은 자연을 가까이하려는 인간의 본성을 논리적으로 분석한 최초의 연구였고 학계에서도 상당한 관심과 지지를 받았다. 다만 현재까지도 과학적 증명, 즉 실증적 데이터를 통해 바이오필리아의 존재를 증명하지는 못해 가설로 남아 있다. 그러나 바이오필리아 가설은 건축계에 지대한 영향을 미쳤고 '바이오필릭biophilic 디자인'으로 발전했다.

바이오필릭 디자인은 실내 공간에서 삶의 질을 높이는 것을 목표로 한다. 자연 세계의 경험들을 직접적, 간접적 요소로 건축과 공간에 반영함으로써 스트레스를 줄이고 혈압 수치와 심박수의 균형을 맞추는 등의 효과를 기대하는 것이다.

자연광, 분수 등의 시설, 실내 정원, 벽면 녹화, 기둥 식재 등은 자연을 직접 경험하게 하는 요소다. 그에 비해서 돌, 나무, 금속과 같은 자연 소재의 마감재나 자연의 색채, 바이오모픽biomorphic 패턴 등은 자연을 간접 경험하게 하는 요소다. 바이오모픽은 자연을 상징하거나 재현하는 형태와 비율, 질감 등을 지칭하는 말이다. 자연의 형태는 '불규칙성 속의 반복적 질서'라는 특징이 있다. 실제로 자연에서는 직각과 직선이나 완벽한 대칭을 찾기 어렵다. 자연의 움직임은 정형화되어 있지 않지만 반복된다. 강가와 호숫가에서 찰랑이는 물결을 떠올리면 쉽게 이해된다. 천장, 벽, 바닥, 가구 등에 곡선을 적용하고 바닥과 벽지 등에 자연의 선과 형태를 반복적 패턴으로 구현하는 것 모두 자연에 대한 간접 경험을 제공하는 바이오모픽 디자인이다.

모든 병원과 의료시설을 숲, 공원, 정원 등 자연 속에 지을 수 있다면 더할 나위 없이 좋겠지만 현대 도시 환경을 고려할 때 매우 어려운 현실이다. 다행히 인간은 자연과 동떨어진 환경과 생활 속에서도 자연물을 이용한 재료, 나무나 새 등의 그림과 사진, 조형물, 유리 통창, 화초와 나무, 어항 등을 이용한 디자인으로 바이오

보건산업진흥원 직원 휴게 공간

필리아 효과를 얻을 수 있다. 바이오필릭 디자인이 일상에 미치는 영향에 관해서는 다양한 연구 결과가 존재한다.

바이오필릭 디자인이 적용된 사무공간에서는 창의성이 향상되고 불안감이 낮아진다. 호텔 투숙객들은 바이오필릭 디자인의 객실에 더 높은 비용을 지불하기도 하고 학생들은 수업 집중도가 더 높아진다고 한다. 미국 오리건대학교는 사무공간에서 나무와 자연 풍경을 조망할 수 있는 직원은 연평균 57시간의 병가를 냈으나 시

바이오모픽 디자인[17]

야가 확보되지 않은 직원은 연평균 68시간의 병가를 냈다는 연구 결과를 발표했다(Elzeyadi, 2011).

바이오필릭 디자인은 과학이다. 우리가 사는 공간으로 어떻게 자연을 가져올지에 대한 디자인적 해법은 다양한 학문적 연구 결과를 기반으로 더욱 창의적이고 다양한 형태로 발전하고 있다.

3.
바이오필릭 디자인으로 공간의 단점을 보완한다

바이오필릭 디자인으로 좁은 공간을 활용하다

자연과 함께 있으면 편안하고 행복하다. 숲길을 걷고, 바닷가를 산책하고, 푸른 초원과 흐르는 강, 하다못해 내 집 작은 마당의 화단을 보는 것만으로도 마음이 여유로워진다. 오감을 닫고 살아야 하는 도시 생활에 지친 현대인들은 몸과 마음이 지치고 힘들 때 본능적으로 자연을 찾는다. 우리는 스스로 알고 있는 것보다 자연을 훨씬 더 필요로 한다.

여러 바이오필리아 효과 중 가장 큰 기대는 '정서적 측면'이다. 편안하고 여유로운 마음 상태에서 사람들은 친절해지고 분노와 다툼이 일어날 가능성도 적어진다. 특히 몸이 아프고 마음이 불안한 환자들은 물론이고 업무 중 스트레스가 높은 직장인들은 언제든 잠시라도 정신적 탈출을 할 수 있는 나무, 물, 햇볕이 있는 자연이 필요하다.

싱가폴 창 공항

바이오필리아 효과는 아무래도 자연과 직접 접촉할 때 강하게 발산한다. 특히 다양한 수종의 실내 정원, 녹색 식물들이 자라는 버티컬 포레스트(수직 숲), 유리 천장과 벽으로 둘러싸인 열대우림 온실 같은 로비, 물고기가 가득한 수족관 콘셉트의 사무실, 다양한 기후 존이 조성된 빌딩 등 상상력을 자극하는 창의적 방식으로 사람과 자연을 만나게 하는 공간 디자인들은 부럽기만 하다.

하지만 공간이 협소해 직접 자연을 풍성하게 들이기 어려운 환경이라면 간접 접촉으로도 사람들의 기분을 좋게 하고 집중력을 높일 수 있다. 가령 몇 개의 빌딩으로 이뤄진 대형 건축물은 동선의 효율성을 위해 연결통로를 설치한다. 이런 통로 공간은 이동이라는 고유의 목적 외에는 활용이 쉽지 않아 거의 버려진(?) 상태로 방치된다. 이 좁은 공간을 자연 치유 효과를 경험하는 장소로 바꾸면 어떨까?

실제로 강남 세브란스병원의 이동통로는 바이오필릭 디자인을 적용해 휴식을 위한 정원으로 바뀌었다. 연결통로가 대부분 그렇듯 이곳 역시 좁고 긴 구조의 공간이었다. 양측에 유리창이 설치되어 있어도 자연광을 실내로 들여오기가 쉽지 않았다. 어떻게든 공간을 활용해보고자 TV와 벤치를 놓아두었지만 환자와 보호자가 휴식할 수 있을 만한 환경이 아니었다. 그래서 작지만 편안한 쉼이 가능한 공간의 이미지를 담아 '비밀의 정원'을 만들기로 하고 바이오필릭 디자인을 적용했다. 공간의 주요색은 녹색으로 정했다. 자연의 색 중 특히 녹색은 인지 수행 능력과 창의력 향상에 효과가 있다. 나무와 같은 자연 소재가 90% 이상 사용된 공간은 혈압과 몸의 긴장을 낮추고 뇌의 활성화에 도움을 주기 때문에 병원 등 헬스케어 공간에 매우 적합하다. 특히 공간이 넓지 않아 충분한 규모로 식물을 배치하기 어려운 상황을 고려해서 복도 양측에 나무 모양의 조형물, 목재로 만든 화단, 공간 구조물을 설치하고 유연한 곡선의 테이블과 의자를 두었다.

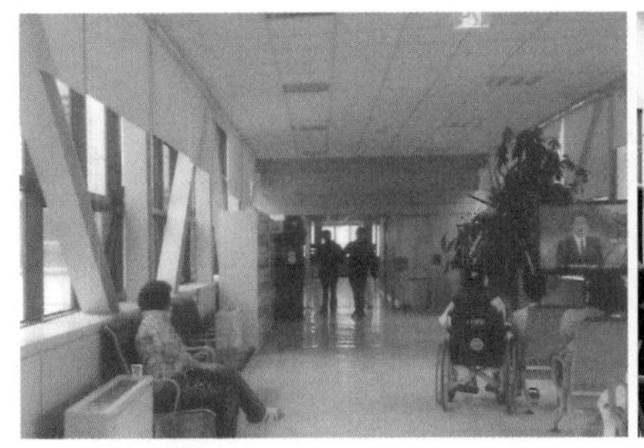

강남 세브란스병원 리모델링 전과 후

바이오필릭 디자인은 공간의 연결성과 통일성이 중요하다. 특정 공간에 고립된 형태로 존재하면 바이오필리아 효과를 크게 기대하기 어렵다. 가령 대구동산병원 건강검진센터의 VIP존은 룸과 대기실로 구성되어 있다. 분리된 공간이지만 디자인으로 연결되어 통일된 바이오필릭 존을 형성한다. 창을 내기 어려운 위치의 VIP룸은 인공조명이 창호를 투과하도록 연출해 따뜻한 빛을 넣었다. 나무 그림의 벽화와 나무 소재의 마감재, 가구의 곡선 등 바이오필릭 디자인 요소는 대기실의 마감재와 천장의 곡선, 녹색 컬러로 연결된다.

바이오필릭 디자인은 입증된 사실과 데이터에 기반한다

바이오필릭 디자인은 몇 가지 원칙에 따라 엄격하게 적용해야 하는데 무엇보다 사람들의 건강과 웰빙에 도움이 된다는 '입증된 사실'에 근거해야 한다. 디자이너와 건물주의 취향이나 막연한 추정이 아니라 과학적 근거를 기반으로 공간에 적용해야 한다. 또 공간

계명대학교 동산병원 건강검진센터 VIP존

과 사용자 특성을 고려해야 한다. 가령 녹색은 창의력과 집중력을 높이지만 시야의 10% 이상이 녹색으로 채워지면 오히려 만족도와 생산성이 떨어진다. 따라서 고도의 집중력이 요구되는 공간에서는 적절한 비율을 찾아 균형을 맞춰야 한다. 또 식물은 종류에 따라 바이오필리아 효과가 약해질 수도 있다. 따라서 실내 조경을 디자인할 때는 최적의 식물을 선정하는 것과 함께 어디에 얼마나 많은 수의 식물을 배치할 것인지 고려해야 한다. 바이오필릭 디자인은 과학적 근거를 기반으로 한 세심하고 장기적인 계획이 필수다.

4.
현관사우는 자연과 내부 공간을 연결한다

코로나19 이후 현관 디자인의 중요성이 커졌다

수년간 이어진 코로나19는 사람들의 생활방식을 크게 바꿨다. 가장 큰 변화는 비대면 교류의 일상화다. 이로 인해 공간에 대한 새로운 요구들이 등장했다. 휴식과 여가 공간의 필요성이 크게 대두되었고 '다시 자연으로'를 추구하는 흐름이 형성되었다. 또한 집콕과 거리 두기 등으로 인한 관계의 단절과 소홀함으로 '코로나 블루'라는 우울감을 호소하는 사람이 많아졌고 바이오필리아 효과에 대한 관심도가 크게 높아졌다.

병원들도 예외는 아니다. 전 세계 병원들이 코로나19로 몸살을 앓았다. 팬데믹이 전 세계를 덮치기 전 많은 병원이 진단과 치료라는 본연의 기능을 넘어 환자, 보호자, 더 나아가 지역사회와 주민들을 위한 복합문화공간으로 변화를 모색했다. 그러나 코로나19로 인해 문을 걸어 잠그면서 감염에 대응하는 공조시설, 의료진, 환자,

보호자의 동선 분리 등에 더 많은 관심이 집중되고 있다. 하지만 이런 변화 속에서도 더 나은 회복 환경으로서 '공간과 자연의 연결'이라는 이슈는 시대적 요구로서 확고하게 자리 잡았다.

바이오필릭 디자인은 사람과 자연을 통합하고 연결함으로써 사용자의 긍정적 변화를 유도하는 것을 목표로 한다. 자연과 건축 공간의 연결이 시작되는 장소는 바로 현관이다. 현관은 내부 공간을 외부와 경계 짓는 동시에 내부와 외부를 연결하는 기능을 수행한다. 현관은 단순히 내부로 들어가기 위해 거치는 장소가 아니라 공간의 인상을 결정하는 장소이기도 하다. 그래서 어떤 목적의 공간이든 처음 만나는 접점에는 '현관사우玄關四友'를 꼭 적용한다. 현관사우는 친근하고 편안한 기분을 유도하는 4개의 바이오필리아 요소인 빛(조명), 식물, 그림, 소리를 말한다.

대부분 업무용 건축은 외부에서 현관문을 밀고 안으로 들어서면 바로 로비가 펼쳐진다. 주택의 현관이 집의 인상을 결정하듯 로비는 건축의 이미지와 공간의 메시지를 직관적으로 전달하는 장소다. 캐나다 토론토의 크레디트 밸리 병원Credit Valley Hospital의 로비는 바이오필릭 디자인의 진수를 보여준다. 로비 중앙을 떠받치는 거대한 나무 형상의 구조물은 나무 질감을 그대로 노출해 마치 숲속의 오래된 거목을 대하는 경외감마저 들게 한다. 주변에 심어 놓은 진짜 나무들과도 조화롭다. 병원을 찾는 사람들은 유리 현관문 하나를 지났을 뿐인데 아스팔트 도로와 빽빽한 콘크리트 빌딩의 외부와 전혀 다른 공간에 들어선다. 누구든 이곳 로비에 들어서

캐나다 토론토의 크레디트 밸리 병원의 로비

면 특별한 설명이 없이도 이곳이 치유를 위한 공간이라는 것을 느낄 수 있다. 그리고 자연스럽게 크레디트 밸리 병원의 철학과 의료 방향을 이해하게 된다.

대구의 디케어D-CARE 건강검진센터는 2022년 "다시 오고 싶은 온실"을 주제로 리모델링을 진행했다. 방문객이 센터에 도착해 가장 먼저 만나는 외부 입구에 바이오모픽 디자인의 구조물을 설치했다. 불규칙한 곡선의 터널은 직관적으로 자연의 이미지를 전달한다.

공간의 테마는 빛, 식물, 그리고 개방감이다. 전면 유리 통창으로 자연광이 풍부하게 쏟아져 들어오는 로비와 온실의 선룸Sunroom

과 같은 내시경센터 회복실은 온화하고 편안한 분위기다. 이곳은 식재 공간이 충분하지 않은 점을 고려해 천장에 곡선의 구조물을 설치하고 식물의 잎이 아래로 떨어지도록 촘촘하게 배치했다.

예수수도회 영성센터 도서관. 아치의 구조물로 단조로움을 없앴다.

공간의 개방감은 자연에 대한 감성적 반응을 유도한다. 인간은 본능적으로 개방된 공간에서 안정감을 느낀다. 이에 대해 '사바나 가설'은 태초 인류는 시야가 탁 트인 장소에서 위험이나 기회를 빨리 발견할 수 있었기에 오랫동안 축적된 생존 본능이라고 설명한다. 여하튼 개방된 공간을 즐길 수 있도록 로비에 계단식 좌석을 설치했다. 통상 높은 자리에서 공간을 조망할 때 심리적으로 편안함을 느끼게 된다.

첨단 기술을 활용해 바이오필릭 디자인을 하다

로비 디자인에서 유독 탁 트인 시야를 확보해야 하는 곳이 있다. 바로 보행 속도가 느리고 휠체어와 보조 보행기를 이용하는 환자가 많은 의료시설이다. 병원 디자인을 처음 공부할 무렵 방문했던

안동 용상안동병원 2010년 당시 로비

안동 용상안동병원 리모델링은 참조할 만한 프로젝트였다. 건축한 지 30여 년이 지난 오래된 건물이라 천장도 낮고 로비 중앙에 떡 버티고 있는 거대한 시멘트 기둥은 병원 분위기를 삭막하고 무겁게 만들 뿐만 아니라 공간 활용성도 크게 떨어져 보였다. 이 기둥은 건물의 하중을 떠받치는 구조물이라 위치를 옮기기는커녕 오히려 보강이 필요한 구조체였을 것이다.

기둥은 식물의 넝쿨을 감아서 오히려 기둥을 중심으로 테마의 공간으로 변신시켰다. 보수가 필요한 기둥에 철제 구조물을 덧대고 식물을 심어 공장 분위기를 연상케 했던 로비는 거대한 식물 기둥으로 인해 요양과 힐링의 공간이 된 것이다. 병원의 우울한 모습이 생각의 반전으로 활기를 담아낼 수 있다는 부분에서 나에게 헬스케어디자인의 중심을 갖게 해준 의미심장했던 사례였다.

첨단 기술을 활용한 바이오필릭 디자인도 등장하고 있다. 국내 최초로 서울대학교병원은 일반 병동과 외래 병동을 분리했다. 외래 병동은 지상층이 없는 지하 공간이다. 병원은 외래 병동과 외부 공간이 연결되는 접점의 공간에 선큰 가든을 만들었다. 벽면에 대형 LED 스크린을 설치해 폭포, 숲, 계절 콘셉트의 콘텐츠를 방영한다. 지하 3층에서도 스크린을 통해 자연풍경을 볼 수 있다.

서울의 인터벤션 병원인 민트병원 리모델링에는 필립스에서 개발한 루미너스텍스타일Luminous Textile을 바이오필릭 디자인에 활용했다. 섬유 재질의 패널에 LED를 결합한 조명 솔루션으로 빛을 활용해 다양한 자연의 이미지를 보여준다. 요 근래 고화질 디지털 미디어 패널은 비용 면에서도 보급화되어 병원에서 의사전달의 도구로 쓰일 뿐만 아니라 대기실처럼 기다려야 하는 장소에 감각적인 영상을 제공함으로써 병원이 추구하는 분위기를 연출할 수 있다. 또한 환자들의 지루함을 덜고 힐링 효과를 더하는 데에 기여하고 있다.

병원 건축은 의료 행위가 이뤄지는 공간이면서 동시에 대외적으로 의료 철학을 보여주고 메시지를 전달하는 매개체다. 과거 실용성을 강조한 병원 디자인은 환자, 보호자, 의료진, 직원들을 배려하지 않았다. 치유 공간으로서 병원은 사람들이 현관에 들어섰을 때 따뜻함과 활력을 얻을 수 있는 환경을 제공해야 한다. 바이오필릭 디자인은 자연과의 접촉을 확대함으로써 우리 삶의 질을 개선하는 효과적인 수단이다. 더 많은 공간에서 활발하게 쓰이길 바란다.

민트병원의 루미너스 텍스타일. 패브릭 패널로 따뜻한 감성을 연출했다.

전주 열린병원 대기실. 사계절 날씨의 분위기에 맞춰 제공하는 패널 영상을 통해 대기실에 활력을 부여했다.

5.
소아과와 심장내과의 색은 달라야 한다

각기 다른 색은 서로 다른 뇌의 인지 작용을 일으킨다

병원 공간 설계에서 색채는 매우 중요한 디자인 요소다. 현장에서 내가 자주 사용하는 색상은 크게 네 가지다. 녹색은 가장 기본이 되는 색이다. 특히 마음을 진정시키고 편안한 기분을 느끼게 하며 신체 리듬의 균형과 조화에 도움을 주므로 병원 곳곳에 두루두루 사용한다. 오렌지색은 기분을 좋게 만들고 신체 대사를 촉진하는 효과가 있어 기다림이 지루한 대기실이나 솔직한 대화가 필요한 진료실에 활용한다. 또 산부인과와 소아과에는 자유로움과 행복한 기분이 들게 하는 노란색을 사용해 희망의 기운을 북돋운다. 그런가 하면 파란색은 긴장을 가라앉히고 집중력을 높여주는 효과가 있어 수술실 디자인에 자주 사용한다.

의료 환경에서 색의 사용은 단지 디자이너의 취향이 아니라 과학적 근거를 기반으로 한다. 색상이 우리 뇌에 미치는 영향은 학자

더탑재활의학과의원 대기실의 초록색

인천참사랑병원 청소년 정신상담 공간 킬리안공감학교의 노란색

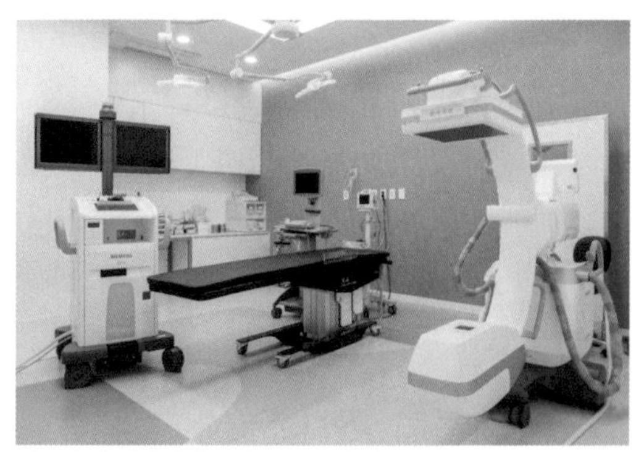

민트병원 인터벤션센터 검사실의 파란색

들의 오랜 연구 주제 중 하나였다. 일례로 2009년 캐나다 브리티시컬럼비아대학의 라비 메타Ravi Mehta 연구팀은 빨간색과 파란색이 서로 다른 뇌의 인지 작용을 일으킨다는 것을 밝혀냈다. 실험 참가자들에게 빨간색과 파란색 바탕 위에서 각각 단어 기억과 조각 그림 맞추기를 하도록 한 결과 빨간색 바탕일 때는 기억하는 단어 숫자가 월등히 많았다. 반면, 조각 그림 맞추기는 파란색 바탕에서 더 좋은 결과를 보였다. 이 연구 결과를 토대로 다수의 북유럽 학교에서는 집중력이 필요한 수업은 빨간색 교실에서, 창의력이 필요한 수업은 파란색 교실에서 진행한다.

색채color란 빛이 눈에 들어와 시신경을 자극해 뇌의 시각중추에 전달되어 생기는 감각 현상이다. 우리가 원하든 원치 않든 색은 신체 기능에 영향을 미치게 된다. 심장의 맥박을 빨리 뛰게 하거나 느리게 할 수 있으며, 혈압을 높이거나 낮출 수도 있다. 색의 파장은 추위나 더위에 대한 반응에 영향을 미치며, 불안감이나 공격성을 불러일으킬 수 있고, 활동적이게 하거나 휴식을 취하게 할 수도 있다. 색채 치료라고 번역되는 컬러 테라피color therapy는 색의 에너지와 특성을 활용해 생체리듬을 회복시키는 치료 방법이다. 의료 환경에서 색채는 다양한 질환으로 고통받는 환자들의 스트레스를 낮추고 마음의 안정을 되찾도록 도우며 의료진에게도 긍정적인 근무 환경을 제공할 수 있다.

다양한 색채를 활용해 실내 공간을 디자인한다

해외 병원들은 공간에 색채를 매우 적극적으로 활용한다. 환자의 연령대와 질병의 종류 등을 꼼꼼하게 고려해 색을 선택하는데 다양한 표현 방식으로 공간에 에너지를 불어넣는다. 가령 어린이 병원의 경우 알록달록한 색채의 향연이 펼쳐진다. 병원을 무서운 공간으로 느끼는 어린이들이 두려움을 느끼지 않도록 눈높이에 맞춰 시각적 만족을 주는 데 주력한다.

미국 텍사스주 댈러스의 스코티시 라이트 어린이병원Texas Scottish Rite Hospital for Children은 어린이가 좋아하는 '색과 움직임'을 강조한 공간 디자인으로 유명하다. 메인 입구의 캐노피에 무지개 색 패널을 설치해 밝고 경쾌한 환영 인사를 받는 느낌을 준다. 로비에는 저명한 인지 심리학자 대니얼 골드스타인Daniel Goldstein의 '무지개 용Rainbow Dragon'을 걸어두고 2층으로 연결되는 계단은 볼륨감 있는 붉은색으로 하고 스포츠의학센터는 치유의 색인 녹색을 메인 컬러로 사용해 장소마다 색을 통해 환자와 소통한다. 미국 캔자스주 위치타의 웨슬리어린이병원과 우리나라 제주한국병원 소아청소년 외래 진료실에는 모두 원색을 과감하게 활용했다. 특히 제주한국병원은 강한 색채를 친근한 동물 캐릭터를 통해 표현함으로써 친근감을 높였다.

그런가 하면 오하이오주 클리블랜드의 앤지 파울러 청소년 암 전문 병원Angie Fowler Adolescent & Young Adult Cancer Center은 암과 싸우는 청소년 환자들을 색과 빛으로 위로한다. 병원에서 가장 먼저 환

리얼월드 성수

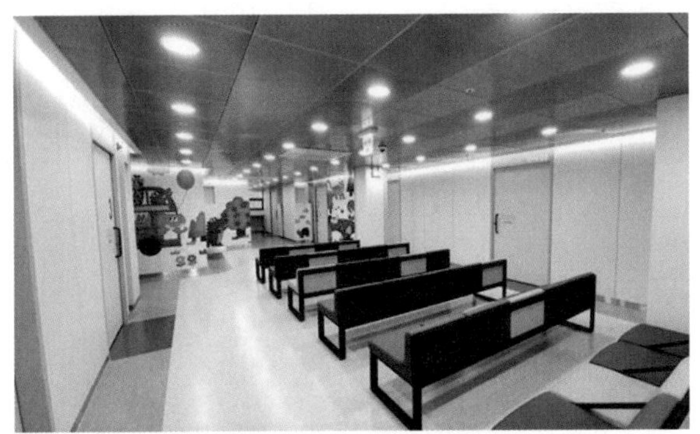

제주한국병원 소아청소년 외래 진료실 앞. 동화 일러스트 작가와 협업하여 대기실에 밝고 경쾌한 느낌을 부여했다.

앤지 파울러 청소년 암 전문 병원의 웰컴 월 (출처: nv5.com)

자를 맞이하는 곳에 18미터 길이의 웰컴 월welcome wall을 세우고 '빛과 치유의 여정Journey of light and healing'이라는 형형색색의 그래픽 메시지를 연출한다. 유리 벽으로 둘러 개방감과 동시에 아늑함을 연출한 '10대의 방'은 마음에 안정을 주는 파란색을 사용했다.

과학적 근거에 기반해 공간 디자인에 색채가 활용된다

색채는 공간의 동선과 진료의 효율성을 높이는 매우 효과적인 수단이다. 대표적으로 웨이파인딩은 기호나 글자보다 색채가 직관적 전달력이 높다. 응급실이 빨간색인 것도 수많은 색상 중에 빨간색이 순간적으로 긴장감을 높여 집중력을 향상하기 때문이다. 미국 인디애나 주립 정신병원 및 상급종합치료센터Indiana neuro-diagnostic institute and advanced treatment center는 병원 전체에 바이오필릭 디자인을 적용했는데 진료과마다 고유의 테마와 색채를 사용한 것이 특징이다. 색채를 기억하여 목적지를 찾는 웨이파인딩(길찾기) 효과다.

응급센터 등 효율이 중요한 곳에서 색채는 큰 힘을 발휘한다. 캐나다 위니펙의 뉴 그레이스 병원New Grace Hospital 응급실은 진료부스마다 색채와 알파벳을 지정했다. 복잡한 응급실에서도 의료진은 색채만 보고 응급 순서와 시간을 지킬 수 있다. 호주 케언즈 베이스 병원Cairns Base Hospital 응급의료센터는 진료 프로세스에 따라 노랑, 초록, 빨강의 색으로 구역을 구분함으로써 긴박하게 돌아가는 응급실에서 신속하고 효율적인 프로세스가 가능해졌다.

인디애나주립정신병원. 웨이파인딩을 고려하여 직관적인 색채를 활용한 다양한 병원 공간의 사례 예시

제주한국병원 응급센터. 외벽에 부분적으로 빨간색을 사용했다.

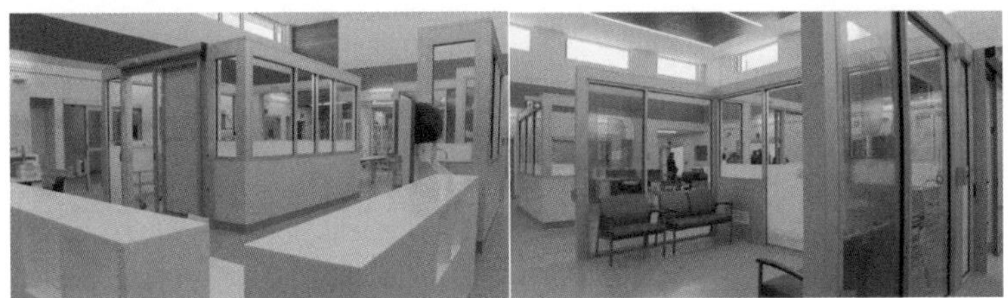

뉴그레이스병원 응급실. 처치실을 색상으로 위급 환자용과 치료 완화 환자용으로 분류했다. (출처: CBC 홈페이지[18])

색채는 공간의 분위기를 결정하고 공간은 저마다 어울리는 색을 갖는다. 밝은 색채는 보이는 그대로 밝고 경쾌한 공간을 만든다. 중간 색조는 신뢰감을 높이는 효과가 있다. 브라운 계열의 색채는 정교한 이미지를 느끼게 한다. 핑크와 코럴은 부드러운 에너지의 색채로 공간에 따스한 온기를 준다. 연두와 민트는 친화력과 안정감을 주므로 직원 휴게실에 어울린다. 사무실과 회의실 등 에너지가 필요한 공간에는 집중력을 높이는 푸른색 계열이 좋다. 식당은 소화를 촉진하는 노랑과 식욕을 돋우는 주황이 제격이다.

한때 흰색과 빨간색 위주의 고정된 병원 이미지를 탈피하기 위해 파스텔 계열의 색채를 사용하는 병원 디자인이 유행처럼 번진 적이 있다. 부드럽고 은은한 파스텔 색채는 자극을 최소화하고 편안한 분위기를 연출한다. 하지만 의료 공간의 색채는 정서적, 육체적 치유의 에너지를 기대하는 만큼 유행이 아니라 과학을 근거로 까다롭게 고려해야 한다. 진료과목이나 환자의 심리에 대한 이해가 무시된 색채의 선택은 오히려 치료를 방해하는 걸림돌이 될 수 있다.

6.
빛은 몸을 깨우고 마음을 위로하는 데 효과적이다

빛 고유의 색온도를 통해 인간의 생체 리듬을 조절한다

'흐린 날의 빛은 약 6,500K'

'초저녁 빛은 약 2,300K'

'해 질 녘의 빛은 약 1,800K'

이 낯선 수치들은 빛이 가진 색온도color temperature를 나타낸다. 온종일 우리가 받는 모든 종류의 빛은 각각의 색온도를 갖는다. 색온도는 일정한 온도에서 나오는 빛의 색을 절대온도 단위인 켈빈Kelvin을 뜻하는 K로 표시한다. 색온도가 높을수록 푸른빛을 띠고 낮을수록 붉은빛을 띤다. 가령 아침 산책길의 빛은 색온도가 높은 파란빛이다. 파란빛은 신체 리듬을 깨운다. 늦은 오후 해가 길어지면 색온도가 낮은 붉은빛이 지배적이다. 색온도가 낮아지면 사람들은 대개 긴장감이 낮아지고 피로를 덜 느끼게 된다. 자연광은 이렇듯 색온도를 통해 인간, 동물, 식물의 순환 시계를 조절한다.

색온도의 연구가 진행되면서 사람들은 색과 빛이 단순히 멋지게 보이는 요소가 아니라, 특정 공간의 빛을 조절함으로써 육체적, 심리적 건강을 지원할 수 있다는 사실을 알게 되었다. 예를 들어 수면장애는 빛의 밝기와 소음, 수면 시간, 실내 온도 등의 영향을 받는다. 그런데 근래에 밝혀진 과학적 사실은 그중 색온도가 수면에 매우 큰 영향을 미친다는 것이다. 숙면에 도움을 주는 색온도는 검붉은 계통의 3,000K다. 수면장애를 호소하는 사람들에게는 빛을 완전히 차단하는 암막 커튼보다는 색온도가 낮은 어두운 붉은빛 조명이 수면 효율을 높인다.

반면 색온도가 높은 푸른색의 조명은 집중력을 높인다. 이런 이유로 야간 근무가 잦은 공간에 의도적으로 푸른빛의 조명을 사용하는 경우가 많다. 몸의 리듬을 깨워 생산성을 높이려는 시도다. 그러나 최근 과학적 연구에 따르면 야간에 푸른빛으로 멜라토닌 생성을 억제하는 환경은 건강에 부정적 영향을 미친다고 한다.

각각의 공간은 목적에 따라 적합한 색온도가 있다. 사무 활동에는 5,000K 정도를 제공하고, 장시간 책을 읽는 학습 공간엔 6,500K 이하의 백색 조명이 적합하다. 거실 등 휴식 공간은 4,000K 정도의 색온도가 좋다.

병원이나 장례식장에서 빛 디자인이 더 중요하다

치유 공간의 디자인에서 빛은 특히 세심하게 고려해야 한다. 대

대구시지노인전문병원 치매안심병동. 따뜻함과 함께 집중이 필요한 병동 중심부의 간호사 스테이션은 색온도를 4,000~5,000k로 적당하게 분배하여 디자인했다.

다수 도심 병원은 창을 통해 생물학적 반응을 일으킬 수 있을 만큼 충분하게 자연광을 실내로 들여오기가 쉽지 않다. 따라서 내부 공간의 일광 효과를 위한 인공조명의 디자인이 중요하다. 즉 과학적으로 색온도를 적용함으로써 사용자가 자연의 빛으로부터 얻는 에너지와 정서적 안정을 제공해야 한다.

가령 간호사 스테이션의 경우 일반적으로 병실 복도에서 개방된 구역에 위치한다. 주로 공간 중앙에 배치되므로 자연광을 받기 어렵다. 이곳은 24시간 간호사들이 머무는 구역이므로 사람의 신체 순환 주기에 맞게 색온도를 써야 한다. 특히 신생아 치료실과 수술 후 회복실 등 예민한 치료가 진행되는 공간의 빛은 신체의 순환 시계를 설정하는 중요한 의료 기능을 수행한다. 빛을 이용해 '제때에 맞게 동작하는' 신체 시스템으로 조정하는 것이다. 누워서 진료를 받는 환자를 위해 천장 조명의 색온도를 정하고 자연광이 부족한 병원 로비에 자연의 색온도를 입히는 등 세심하게 디자인

대구가톨릭대학교병원 장례식장의 공용 공간과 분양소

해야 한다.

빛 디자인이 꼭 필요한 공간으로는 장례식장이 있다. 장례식장은 죽음을 애도하는 곳이다. 망자의 명복을 기원하고 가족을 잃은 이들을 위로하는 장소다. 죽음과 슬픔과 탄식은 장례식장을 설명하는 주요 이미지다. 그런데 이런 부정적인 감정 이미지로 인해 장례식장은 지역에서 크고 작은 '혐오 시설' 논란을 불러왔다.

사실 장례식장은 누구나 가고 싶은 장소는 아니다. 하지만 모두가 생애 한 번 이상은 경험하는 장소다. 이 공간에서 사람들이 원

대구가톨릭대학교병원 장례식장 지하 2층에 있는 공용 공간과 접객실
(출처: 대구가톨릭대학병원 홈페이지)

하는 건 위로와 치유이다. 이를 구현할 가장 효과적인 디자인 요소는 빛이다. 빛만큼 다양한 변주곡으로 공간을 채우는 디자인 요소는 드물다. 빛은 문명사적으로 침묵, 예술, 치유, 생명, 지혜, 기억, 구원, 안식을 상징한다. 애도와 치유가 필요한 공간에서 빛은 단지 어둠을 밝히는 기능적 요소를 넘어 떠나간 소중한 이와 심리적 거리를 좁히는 장치가 된다. 차갑고 무거운 분위기의 공간은 조명 솔루션을 통해 편안하고 따뜻한 분위기로 바꿀 수 있다.

대구가톨릭대학교병원 장례식장은 바로 이런 빛의 효과를 적극적으로 활용했다. 국내 대부분 장례식장은 지하에 위치한다. 최근 고급화하는 추세라고 해도 지하를 벗어나는 경우는 많지 않다. 대구가톨릭대학교병원 장례식장인 요셉관Joseph hall도 마찬가지다. 지상 1층과 지하 2층 규모의 건물 위로 야외 주차장이 있다. 경사진 지형을 활용해 지은 터라 1층 일부만 지상으로 나온 형태이고 병원 입구를 따라 올라오는 도로가 건물 옥상 주차장으로 연결된다. 건물 구조상 내부에 '빛과 자연'을 담기 쉽지 않은 구조다. 하지만 바로 이런 환경이기 때문에 자연의 경험을 제공하는 디자인이 꼭 필요했다.

빛은 우울감과 스트레스에 직접적 영향을 미친다. 빛이 부족할 때 뇌에서 멜라토닌 분비량이 증가하는데 이는 스트레스와 우울감을 높이는 원인이 된다. 실제로 우울증 치료에는 일정 시간 햇볕을 쬐는 치료가 포함된다. 요셉관의 유일한 지상층인 1층은 공간의 절반이 지하나 다름없다. 자연광의 유입이 한정적이다. 바로 이곳에 하늘이 품고 있는 색과 빛을 구현하기로 했다. 바로 위층이 옥외주차장이라 천창을 낼 수 없으므로 우물형 천장을 만들고 조명을 넣어 밝은 하늘을 연출했다. 그 하늘 천장 아래로 식물을 심고 큰 바윗돌을 형상화한 소파를 놓았다. 현관을 지나 들어서면 바로 연결되는 이 공간에 노아의 정원Noah Garden이라는 이름을 붙였다. 대다수 장례식장에는 없는 실내 정원을 넓게 조성한 이유는 조문객과 유족이 잠시 북적이는 영결식장을 나와 마음의 위로를 받을 수 있도록 배려한 것이다.

영결식장의 테마는 '빛의 위로'다. 장식을 절제한 공간을 채우는 건 빛과 그림자다. 제단 전면의 구조물과 과하지 않게 굴곡진 벽면을 따라 빛이 흐르면서 그림자를 만든다. 빛과 그림자의 리듬은 단조롭지만 지루하지 않은 공간을 연출함으로써 부드럽고 차분한 분위기에서 고인과 마지막 인사를 나눌 수 있게 했다. 지하 공간 곳곳은 빛과 자연으로 채웠다. 인공의 빛, 자연의 패턴, 그림을 이용해 분위기를 밝고 상쾌하게 조성했다. 특히 직원들이 24시간 근무하는 사무 공간은 아예 한쪽 벽면에 울창한 숲 풍경을 펼쳐놓았다. 벽면 앞쪽에 별도의 여유 공간을 두어 선큰 가든과 같은 효과를 내고 조명을 설치해 마치 나무 사이로 빛이 쏟아지는 숲을 보는 듯한 느낌이 든다.

의료 공간에서 빛(조명)은 환자가 정신적 부담과 불안감을 느끼지 않도록 하고 의사와 간호사가 심리적으로 안정감을 느끼며 일할 수 있는 환경을 조성하는 데 매우 효과적인 수단이다. 몸이 아파서 병원을 찾는 사람은 특히 불안감이 크다. 따라서 건강한 사람을 기준으로 채광과 조명을 계획하는 것은 위험하다. 환자의 행동과 심리 연구 결과를 근거로 계획된 조명 환경은 좋은 의료 환경을 구성하는 가장 기본적인 요소다.

6P
6

• 6부 •

[디테일의 디자인]

배려와 감동은 디테일로 완성된다

1.
환자를 떠나게 하는 건 디테일이다

환자를 배려하지 않는 공간 설계는 불편하다

병원 디자인이 직업인지라 365일 병원을 내 집처럼 드나들지만, 일터로 겪는 병원과 환자로서 경험하는 병원은 아무래도 차이가 있다. 여행서를 읽고 아는 도시와 직접 여행하고 경험한 도시의 얼굴이 똑같을 수 없는 것과 마찬가지다. 온전히 환자로서 치료를 받기 위해 찾았던 병원 중에는 아주 인상적인 기억을 남긴 곳이 있다. 두 번 다시 발걸음하지 않게 된 병원들이다.

한 곳은 고질적인 허리 병 때문에 찾게 된 정형외과였다. 여러 차례 수술을 받았지만 조금이라도 무리하면 곧 통증에 시달리곤 한다. 그래서인지 정형외과, 신경외과, 재활의학과, 마취통증의학과 등 병원의 리모델링을 진행할 때는 특별히 더 환자의 눈으로 보고 현장을 뛰게 된다. 언젠가 늦은 저녁 예기치 못한 상황에서 허리 통증이 시작되었다. 직접 리모델링을 진행했던 좋은 병원들을 알고 있지만 시간이 늦은 까닭에 황급히 인근에 MRI를 보유한 병원을 검색해 당일 촬영이 가능한 병원을 찾아 입원했다.

환자복으로 겨우 갈아입고 환자 운반 침대에 누워 지하 MRI 촬영실로 이동했다. 멀뚱히 천장을 바라보며 간호조무사가 끌어주는 대로 이동하던 중 문제가 발생했다. 통로 바닥에 턱이 있어서 침대가 지날 때 덜컹거렸고 그때마다 허리 통증이 심해져 새어 나오는 비명을 참느라 정신이 혼미할 지경이었다. 길지 않은 시간이었지만 고통이 어찌나 컸던지 지금도 그때를 생각하면 미간이 절로 찌푸려진다. 애초에 그 병원을 선택한 이유는 야간 MRI 서비스였고 기대대로 빨리 촬영하고 진단을 받을 수 있었다. 하지만 그것만으로는 충분하지 않았다. 정형외과는 기본적으로 몸을 제대로 움직이기 어려운 환자들을 고려해야 한다. 환자 운반 침대, 휠체어, 보행 보조기 등에 의지하는 환자가 많기 때문이다. 복도의 작은 턱도 이들에게는 이동을 어렵게 하는 장애물이 될 수 있다. 여하튼 다음 날 마치 도망치듯 서둘러 병원을 나왔다. 입원해 있는 동안 그 복도를 오갈 때마다 바닥의 턱을 통과해야 하는데 허리가 더 망가지는 건 아닌지 걱정해야 하는 게 싫었다. 이후 다시는 그 병원을 찾지 않았다.

인테리어는 아름답지만 서비스는 형편없었다

다른 한 곳은 서울 강남에서 꽤 유명한 피부과였다. 눈에 띄게 짙어진 기미를 치료하기 위해 나름 신중하게 고른 병원이었다. 로비에 들어선 순간 '와!' 하고 감탄사가 절로 나올 만큼 멋진 인테리어가 눈을 사로잡았다. 최신 트렌드에 충실하면서도 고가의 예술품과 화려한 샹들리에가 공간의 품격을 말해주고 있었다. 순서를 기다리는 동안 병원 구석구석을 둘러보느라 시간 가는 줄도 몰랐다. 공간 배치, 동선, 마감재를 살펴보고 파우더룸의 핸드워시와 드라이어, 쓰레기통 브랜드까지 확인했다. 병원장의 안목이든, 디자이너의 안목이든 완성도 높은 디자인 덕분에 기분이 한껏 좋아졌다. 여기에 상담실장의 친절하고 따뜻한 태도까지 더해지자 그만 계획에 없던 거액의 패키지 상품을 결재하고 말았다.

그런데 정작 치료 경험은 불쾌하기 짝이 없었다. 시술 전 상담을 기대했지만 방에 들어온 원장은 누워 있는 환자에게 대충 인사를 건네더니 바로 시술을 시작했다. 레이저 시술은 매우 고통스러웠다. 전혀 예상치 못한 강도의 통증과 환자를 대하는 의사의 태도 때문이었다. 통증 때문에 조금이라도 움직이면 바로 거칠게 머리를 잡아채 의사의 시술이 편한 위치로 놓는 행위를 반복했다. 고작 20분이었지만 나에겐 2시간이나 된 듯 힘든 시간이었다.

시술이 끝난 후 로비로 걸어 나왔는데 화려한 샹들리에를 보자 화가 치밀었다. 치료 전 통증의 정도와 시술 시간 등 기본적인 사전 설명도 듣지 못했다. 환자를 존중하지 않는 병원에서 이토록 화려하고 비싼 인테리어가 과연 가치가 있을까? 다시 상담실 문을 열고 들어가 결제 취소를 통보했다. 그러자 상담실장은 "저희 원장님이 설명을 잘 안 해줘도 치료는 잘해요."라며 구구절절 애원했다. 환자를 존중하지 않는 병원이 치료를 잘한다는 말은 절대로 신뢰할 수 없다. 하지만 직원의 간곡한 부탁을 뿌리치지 못해 결국 결재한 비용만큼 몇 차례 더 해당 병원을 방문했다. 이후 병원에 갈 때마다 화려한 샹들리에 아래 고급스러운 소파에 앉아 불편한 감정을 다스리느라 애를 먹었다.

환자로서 두 병원에 실망한 건 의료의 질적 수준이 아니었다. 환자를 배려하지 않는 공간 설계와 서비스 때문이었다. 고가의 미용 치료가 주요 서비스인 병원이라면 최고급 인테리어가 주는 심리적, 정서적 만족감도 중요하다. 그러나 아무리 훌륭한 인테리어라 해도 환자의 마음을 살피는 서비스보다 더 큰 감동을 줄 수는 없다.

사용자가 다른 병원은 디자인도 달라야 한다

근래 병원의 인테리어 트렌드는 '고급화'다. 세계 유명 호텔과 견줘도 뒤처지지 않을 정도로 세련되고 아름다운 공간을 주문하는 병원들이 적지 않다. 그런데 무조건 '호텔급 인테리어'를 외치는 고객에게 왜 고급화를 원하는지 이유를 물으면 대부분 쉽게 답을 하지 못한다. '왜'라는 이유가 불분명한 건 치유 공간에 대한 이해가 깊지 않기 때문이다. 실제로 고급이든 아니든, 진료과가 무엇이든 많은 병원의 디자인이 공장에서 생산한 것처럼 대동소이하다.

모든 병원에는 각각 다른 사용자가 존재한다. 이는 공간에 대한 니즈가 모두 다르다는 사실을 뜻한다. 가령 환자가 스스로 이동하는 데 불편이 없는 일반 내과나 이비인후과 등은 병원 통로의 턱이 환자의 감정을 상하게 하는 요소가 아니다. 소아과, 치과, 안과의 환자들 역시 각각 다른 불편함을 겪기에 공간의 디자인도 달라야 한다. 감기몸살을 앓는 환자와 디스크 환자, 레이저 시술을 받는 환자들 모두 통증을 겪는다고 해서 모두에게 똑같은 진통제를 처방하면 치료 효과가 떨어질 수밖에 없다. 환자 중심 공간 리모델링은 결국 니즈의 디테일을 놓치지 않는 디자인으로 완성된다.

2.

디자인의 디테일은 태도다

문손잡이 디자인에도 사용자 존중이 드러난다

디자인에도 태도가 있다. 태도란 마음이다. 디자인에는 사용자를 존중하는 마음과 그렇지 않은 마음이 솔직하게 드러난다.

예를 들어보자. 세 가지 모양의 문손잡이가 있다. 첫 번째 디자인은 도어놉doorknob이라고 부르는 둥근 모양이다. 흔히 볼 수 있는 디자인이고 많은 사람이 이런 모양의 손잡이를 사용할 때 불편함을 느끼지 못한다. 하지만 모든 사람이 편하게 사용할 수 있는 손잡이는 아니다. 손잡이를 움켜잡고 돌리는 힘이 있어야 하고, 손가락과 손목의 움직임에 문제가 없어야 한다. 그리고 양손 중 반드시 한 손은 자유로워야 한다. 이 조건을 충족하지 못할 때 도어 놉 스타일의 손잡이를 사용해 문을 열기가 쉽지 않다. 두 번째 디자인은 도어핸들door handle이다. 손가락과 손목의 움직임이 자유롭지 않아도 내리누르는 힘으로 문을 열 수 있다. 확실히 둥근 모양의 손잡

여러 형태의 도어록 비교 순서대로 도어놉, 도어핸들, 패닉바

이보다 사용자를 배려한 마음이 느껴진다. 그런데 대부분 손잡이의 방향이 오른손을 쓰는 사람들 위주로 설치된다. 왼손을 쓰는 사람들이나 팔 사용이 불편한 이들에게는 역시 사용이 쉽지 않다. 세 번째 디자인은 비상구 손잡이로 불리는 패닉바panic bar다. 손을 쓰지 않고도 몸으로 슬쩍 밀어 압력을 가하면 문이 열린다. 양팔과 손목, 손가락의 움직임이 자유롭지 않아도 불편이 없다. 손을 대지 않으니 감염 위험도 적다. 이런 이유로 응급실 등 의료시설에서 자주 사용된다. 이들 세 개의 손잡이 중 사용자를 배려하는 마음이 가장 크게 드러난 디자인을 고르라면 단연 패닉바다.

그런데 이런 설명을 듣기 전까지 사용자들은 손잡이 디자인에 담긴 태도의 차이를 바로 눈치 채지 못한다. 배려의 디자인은 마치 물 흐르듯 자연스럽게 편안함을 느끼도록 하는 것이다. 거창하게 요란을 떨거나 티를 내지 않는다. 공간 설계에서 손잡이 디자인이 주요 이슈가 되는 경우는 거의 없다. 그러나 실제 공간 경험을 완성하는 건 이런 디테일이다. 주의를 기울여야만 알 수 있는 '한 끗 차이'가 호감을 끌어내고 감동을 낳는다.

노인을 배려한 미끄럼 방지 손잡이 (출처: 양주대진요양원 홈페이지)

디테일 효과는 의식되지 않으면서 자연스럽게 스며든다

가끔 혼자 식사를 해야 할 때 찾는 작은 국숫집이 있다. 종업원 없이 주인 혼자 운영하는 식당인데 바에 앉는 몇 개의 좌석이 전부다. 그런데 이 식당의 벽면에는 작은 고리가 쪼르르 설치되어 있다. 가방과 외투를 걸어놓을 수 있도록 한 주인의 작은 배려다. 덕분에 국수 한 그릇을 후루룩 먹는 동안 좁은 자리의 불편함을 잠시 잊는다. 손님 중 누구도 벽면의 작은 고리를 특별하게 기억하지는 않는다. 하지만 이런 작은 배려로 사람들은 음식 맛에 집중할 수 있고 이렇게 형성된 좋은 경험으로 인해 다시 국숫집을 찾게 된다. 이것이 디테일 효과다. 식당에서의 고객 경험은 단지 음식 맛으로만 기억되는 것이 아니다. 병원의 환자 경험도 이와 같다.

수년 전 연세암병원 여성암센터 대기실에 1인 좌석을 만들었다. 머리카락과 눈썹이 빠지고 몸이 붓는 등 항암치료 과정에서 겪게 되는 외모의 변화에 특히 민감한 여성 환자를 위한 배려다. 대기실 벽면에 칸막이 구조의 의자와 테이블을 일렬로 배치했다. 개방된 구조이면서 동시에 개인 영역을 마련한 디자인이다. 밝고 따뜻한 노란색과 좌석별 조명으로 아늑함을 강조했다. 타인의 시선을 피하고 싶은 환자들은 자연스럽게 벽 쪽 1인 좌석에 앉아 대기하는 동안 편안함과 정서적 안정감을 경험한다.

연세 암병원 여성암센터 1인 좌석

환자의 마음을 세밀하게 케어하는 배려의 디자인을 공간 전체에 실천한 병원이 있다. 얼마 전 리모델링을 마친 울산병원이다. 이곳엔 특별한 '시크릿 도어'가 있다. 이 비밀의 문을 열면 외래 환자와 방문객들의 눈에는 띄지 않는 비밀의 통로가 나온다. 움직임이 자유롭지 않은 환자들의 프라이버시를 보호하기 위한 통로다. 환자 운반 침대에 누워 외래 진료실과 검사실을 오가는 환자들은 이동 중 엘리베이터에서, 복도에서, 심지어 로비에서 낯선 이들의 시선을 받아야 한다. 스스로 움직일 수 없어 견딜 수밖에 없는 참으로

오래된 두 건물을 이어 증개축 리모델링을 한 울산병원 로비 전경

시크릿 도어. 벽처럼 보이는 문은 응급 CT가 필요할 때 다른 외래 환자와 마주치지 않도록 배려한 문이다.

불편하고 민망한 시간이다. 울산병원은 이들이 타인의 눈에 띄지 않고 진료실과 검사실로 이동할 수 있도록 동선을 꼼꼼하게 분리했다.

사실 모든 종합병원에는 시크릿 도어가 있다. 하지만 대부분 수술실 이동로와 폐기물 처리 등 위생과 감염 예방을 위한 목적으로만 활용된다. 환자의 프라이버시를 존중하는 배려로서 전용 출입구를 디자인한 사례는 국내에서 울산병원이 처음이다.

디자인에서 디테일은 배려와 정확성에 대한 태도다. 사용자에 대한 애정과 관심이 배려로 이어지고 무엇에 집중해야 하는지 작지만 의미 있는 포인트를 정확하게 찾아낼 수 있다. 특히 아이들이 좋아하는 캐릭터가 그려진 환자복을 준비하고, 노인 환자를 위해 공간 모서리를 둥글게 만들고, 병실의 조명 색과 밝기를 바꾸고, 청진기에 부드러운 천을 감아 정전기를 없애는 등의 디테일은 요란하지 않게 환자의 마음을 움직인다. 광고의 흔한 카피대로 작은 차이가 큰 감동을 만드는 것이다.

3.
오감을 자극하는 병원이 성공한다

시각만이 아닌 오감을 고려한 디자인이 성공한다

암 병동 공사를 앞두고 의료진과 인터뷰를 진행하면서 환자들이 의사의 옷깃에서 풍기는 향수 냄새마저도 고통으로 느껴서 피하고 싶어 한다는 수간호사의 이야기를 전작 『공간은 어떻게 삶을 바꾸는가』에서 언급했던 적이 있다. 그만큼 다양한 전문 병원과 병동 디자인 경험을 통해 공간에서 '오감五感'의 요소가 중요하다는 것을 알지만 여전히 사람의 체취에서 묻어나는 미세한 향의 디테일까지 생각하는 것이 아직 어려운 실정일 듯하다.

이에 병원을 설계할 때 암 환자의 후각이 이토록 민감하다는 사실을 알고 이에 따른 근거 기반 디자인을 적용해서 암 병동의 환기시설이 일반 시설과 달리 적용할 수 있도록 관련자들이 연구하고 현장에서 배워야 한다. 배움은 이처럼 끝이 없다. 여하튼 그날의 경험을 계기로 오감을 자극하는 환경에 더 많이 관심을 두게 되었

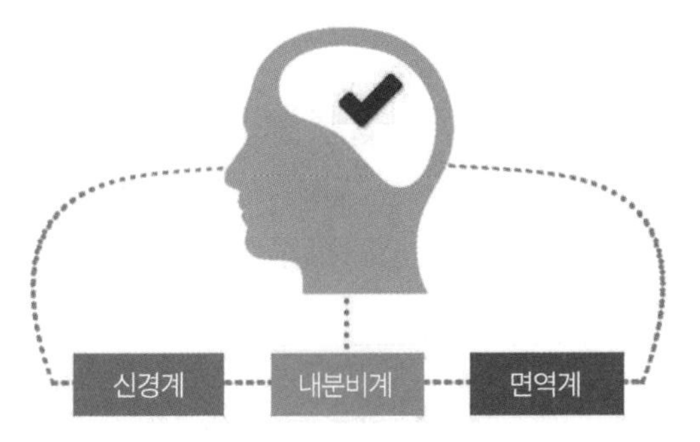

정신신경면역학은 중추 신경계, 자율 신경계, 내분비계, 면역계, 그리고 스트레스와의 관계를 연구하는 학문 분야다.

다. 특히 병원 등 헬스케어 시설의 디자인에는 더 세심하게 적용하는 원칙을 고수하고 있다.

공간에 대한 흔한 선입견 중 하나가 디자인을 '시각'의 영역으로만 이해하는 것이다. 인간은 오감으로 공간을 이해하고 영향을 받는다. 특히 치유 공간에서 오감을 자극하는 환경은 특별히 고려해야 한다. 이는 치유란 육체와 정신뿐만 아니라 감성과 정서의 모든 영역을 포함하기 때문이다.

1975년 미국 로체스터대학의 심리학자 로버트 에이더Robert Ader와 면역학자 니컬러스 코언Nicholas Cohen은 신경계, 내분비계, 면역 체계의 상호작용을 연구하는 '정신신경면역학Psychoneuroimmunology'을 창시했다. 신체와 정신은 분리되지 않는다는 관점에서 질병을 연구하는 학문으로서 뇌의 신경계에서 보내는 신호가 면역 기능에 영향을 미친다는 사실을 밝혀냈다.

환자들은 물리적 치료뿐만 아니라 병원 안에서 오감을 통해 자극을 받고 회복에 영향을 받는다. 치유 공간에서 사람들이 가장 민감하게 반응하는 감각 자극은 시각이다. 넓은 창과 창밖 풍경, 자연광과 조명, 색채 등 눈에 보이는 공간의 모든 요소가 시각, 감각, 자극에 속한다. 환자 대부분이 누워 지내는 병실과 누운 자세로 치료를 받는 치료실 등은 특히 천장의 조명, 색채, 디자인을 세밀하게 적용해야 한다.

후각은 연상 작용을 통해 뇌 활동의 활성화에 영향을 미치는 것으로 알려져 있다. 특히 다른 감각기관보다 기억과 추억에 더 밀접하게 연관되어 있어서 알츠하이머 등 기억 감퇴 질환자가 머무는 공간에서 후각 자극은 치유 방법으로 활용되기도 한다. 암 환자의 경우 항암치료의 영향으로 후각과 미각이 극도로 예민해진다. 캐나다 앨버타대학교가 항암치료를 받는 환자를 대상으로 조사한 결과 무려 86%가 감각에 이상이 생긴 것을 발견했다. 암 환자들이 정상적인 식사를 어려워하고 다른 사람의 체취조차 참지 못하는 상태가 되는 건 후각과 미각의 변화 때문이다. 병원의 공간 설계에서 향은 디자인적 관점으로 접근해야 할 주요 요소다. 대부분 병원에는 독특한 약품 냄새가 배어 있다. 이 냄새가 환자의 정서적 우울감을 높이기도 한다. 따라서 각 병동의 특성을 고려해 꽃과 나무 등 자연의 향기를 함께 활용하는 디자인으로 환자와 보호자의 긴장감을 해소하는 데 도움을 줄 수 있다.

미각도 중요하다. 서울 염창환병원은 환자 중심 공간 디자인으로 주목받는 암 전문 병원이다. 의료 서비스는 물론 로비, 진료실, 병

염창환병원 식당. 오감을 자극하는 환경 디자인의 좋은 사례다.
(출처: 염창환병원 홈페이지)

실, 주사실, 각종 검사실 등 공간 구석구석 세심한 디자인을 느낄 수 있으며 이 병원에서 가장 인기 있는 장소는 바로 식당이다. 식욕을 돋우는 오렌지 색 공간에서 좋은 식재료와 솜씨 있는 조리 실력으로 맛있는 음식을 제공한다. 세계 3대 요리학교인 미국 CIA에서 항암 요리를 전공한 영양사가 암 환자의 입맛을 책임진다. 미각의 변화로 고통받는 환자들의 입맛까지 배려한 꼼꼼함에서 환자들은 위로를 받는다.

공간 디자인에서 촉각은 시각, 후각, 청각보다 중요하게 다뤄지지 않는 경향이 있지만 직관적으로 기분에 영향을 미치는 감각 요소다. 가령 좋은 호텔을 이야기할 때 반드시 거론되는 조건 중 하나가 바로 좋은 침구다. 시트의 촉감 하나로 숙면 여부가 결정되고

아산충무병원의 갤러리(위)와 인천세종병원의 치유의 갤러리(아래)
(출처: 「매거진HD」)

공간 경험이 좋아진다. 하물며 치유 공간은 말할 것도 없다. 환자는 시트의 부드러운 감촉과 미끄럽지 않은 바닥, 차가운 감촉을 획기적으로 줄인 복도 핸드 레일 등의 디테일한 요소를 통해 정서적 안정감을 느낀다. 긴장감 조절에는 청각 자극이 한몫한다. 입구의 풍경 소리, 휴게실의 물소리, 정원의 새소리와 은은한 음악은 스트레스를 낮추는 청각 자극 요소다.

감성 자극 프로젝트로 환자의 정서도 만족시킨다

치유 공간에서 오감 자극의 중요성에 대한 인식이 높아지면서 감성 자극 프로젝트를 기획하고 아예 별도의 문화공간을 조성하는 병원도 늘고 있다. 특히 오감을 자극하는 예술 치료 프로그램은 물론이고 수술 등을 앞둔 불안한 환자들의 긴장감을 해소하면서 자연치유력을 높이는 음악 프로그램을 운영하기도 한다. 로비의 작은 음악회, 연극, 마술쇼, 갤러리에서 정기적으로 열리는 전시회 등 문화행사는 공간의 감성지수를 높인다. 치유 공간의 설계는 이런 디테일을 놓치지 말아야 한다. 환자의 정서 관리는 자연치유력을 높이는 데 매우 효과적이다. 그만큼 밝은 빛이 가득한 공간에서 좋은 풍경을 즐기고, 아름다운 그림을 보고, 좋은 음악과 향으로 마음을 진정시키고, 맛있는 음식을 먹을 수 있는 감성적 병원이 성공한다.

4.
별자리가 있는 중환자실을 만들다

환자 중심의 사고를 통해 아이디어를 얻다

분만의 고통을 겪어본 이들은 "하늘이 노랗게 보일 때쯤 아이가 나온다."라는 어르신들의 말씀이 무엇을 의미하는지 안다. 극심한 산통을 겪고 마침내 아이를 품에 안은 행복감은 어떤 말로도 표현할 수 없다. 하지만 그 순간을 떠올리면 기억 속 고통도 함께 살아나 등이 오싹해지는 것도 사실이다. 그런데 산모들의 고통스러운 기억 중에는 통증 말고도 차가운 분만실 풍경이 있다. 밀폐된 공간과 출산용 침대 주변의 낯선 기계와 날카로운 수술 도구들은 분만을 앞둔 산모의 공포를 순식간에 증폭한다. 분만실 침대에 누워있던 그때 천장만 바라보는 마음이 얼마나 무서웠는지 아직도 기억이 생생하다. 그래서 아이 셋을 낳은 엄마로서, 병원 리모델링 전문가로서 분만실을 산모 친화적 공간으로 바꿔보고 싶은 욕심을 놓아본 적이 없다.

"출산할 때 산모들이 고통을 덜 느끼도록 하늘이 열리는 분만실이 있으면 참 좋겠어요."

이 말을 들었을 때 마음속으로 '유레카'를 외쳤다. 이토록 멋진 아이디어를 낸 주인공은 삼성서울병원 산부인과 전공의 수련 세미나에 특강을 하러 갔다가 만난 산부인과 전문의다. 워킹맘이라는 공통분모 때문에 마치 오랜 친구인 듯 한참 이야기를 나눴다. 우리의 대화는 자연스럽게 산모의 고통을 줄이는 병원 환경에 관한 주제로 흘러갔다. 당시 우리 두 사람이 떠올린 분만실 모델은 네덜란드 에인트호번의 막시마 메디컬센터Maxima Medical Center였다. 이곳의 분만실 벽면에는 커다란 디지털 모니터가 설치되어 있다. 산모가 출산을 준비하는 동안 화면을 통해 진통 간격과 강도에 따라 꽃봉오리가 조금씩 피어나는 그래픽을 보여준다. 이 작은 배려 덕분에 산모들은 막연한 불안감에 시달리지 않고, 직접 자신의 몸 상태와 출산 타이밍을 확인하면서 출산에 대한 두려움을 이겨낸다.

그날 특강 이후 얼마 지나지 않아서 산부인과 병동의 리모델링 디자인 의뢰를 받았다. 분만실 이야기를 계기로 우정을 나누게 된 교수가 내게 '천장이 열리는 분만실'을 설계해보자고 제안한 것이다. 심장이 쿵쿵 뛰었다. 만약 우리나라에 하늘이 열리는 분만실이 만들어진다면 막시마 메디컬센터를 뛰어넘는 혁신 모델이 탄생하는 것이다. 꿈이 현실의 벽을 뛰어넘을 수 있을까? 확신할 수 없었지만 일단 부딪혀보기로 했다. 오랜 시간 디자인을 고민하고 정말 열심히 제안서를 작성했다. 하지만 결과는 예상대로였다. 병원 측이 난색을 보인 것이다. 저조한 출산율로 산부인과 경영이 쉽지 않은데 투자 대비 수익성이 너무 낮다고 했다.

병원의 경영 현실을 누구보다 잘 알고 있기에 바로 의견을 수용했다. 병원의 입장을 고려하되 산모 중심의 분만 환경을 위한 아이디어를 담은 수정 제안서를 작성했다. 마음을 졸이며 병원의 결정을 기다린 끝에 드디어 디자인이 승인되었다는 연락이 왔다. 하지만 다소 들뜬 마음으로 참석한 회의에서 적잖이 당황하고 말았다. 경영진이 승인한 최종 설계안은 내가 제안한 것과 달랐다. 하늘이 열리는 분만실은 당연히 사라졌고 노후된 시설의 교체가 중심인 인테리어 디자인 계획이었다. 기대는 사라졌지만 주어진 조건에서 최대한 산모 중심의 분만 환경을 만들기로 했다.

분만이 이뤄지는 병동 디자인의 핵심은 불안하고 초조한 산모의 마음을 돌보는 것이다. 분만을 앞둔 산모들이 답답함과 불안감을 호소하는 곳은 진통실이다. 통증과 싸우며 가장 오랜 시간 머무는 장소이기도 하다. 디자인 솔루션은 창문을 등지고 있는 침대를 과감하게 반대로 돌려 창문 방향으로 배치하는 것이었다. 침대에 누웠을 때 보이는 창문 밖 풍경은 긴장을 푸는 데 도움이 된다. 또 방마다 화장실 공간의 모퉁이를 사선으로 깎아내 시각적으로 공간이 넓어 보이도록 하고 하얀색 벽에는 생기를 불어넣는 밝은색을 입혔다. 또 복도에 일자형으로 배치된 간호사 스테이션의 천장과 바닥에 곡선을 연출해 병동 전체 공간을 더 넓고 개방적으로 보이도록 했다.

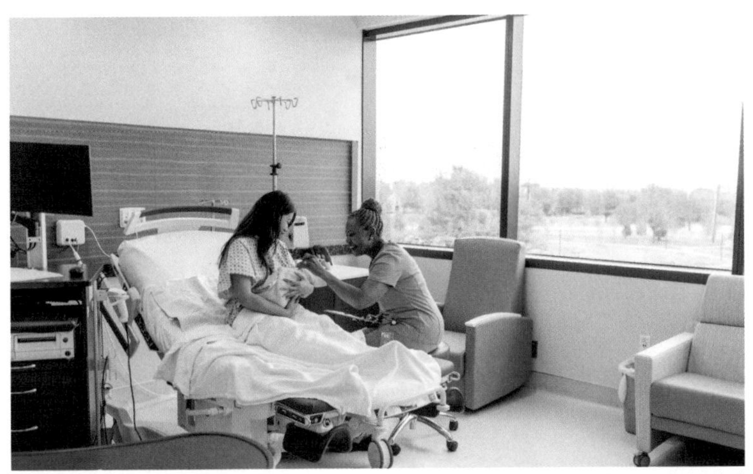

분만 시 공포와 두려움을 느낄 수 있다. 산모가 평온하고 온화한 분위기를 느낄 수 있게 하는 것은 인간적인 배려다.

별자리가 있는 중환자실을 만들다

하늘이 열리는 분만실은 환자 관점의 사고로 탄생한 아이디어였지만 병원 경영진의 반대로 만들지 못해서 늘 마음속에 묵혀 있었는데 또 다른 기회가 찾아왔다. 몇 년 후 중환자실을 디자인하게 된 것이다. 그곳 환자들은 온종일 병원에서 누워 지낸다. 의식이 없는 환자들도 어느 순간 의식이 돌아오길 보호자들은 간절히 기다릴 것이다. 중환자실 환자들의 시선은 의식이 있든 없든 어김없이 천장을 향한다. 보이는 건 지루한 흰색의 격자 패턴과 눈을 부시게 하는 조명이 전부다.

잠시라면 큰 불편은 아니다. 하지만 장기간 입원 중인 환자들, 더군다나 온종일 꼼짝없이 누워 있어야 하는 중환자라면 불편의 정

제주한국병원 중환자실의 별자리 천장

도가 매우 클 수밖에 없다. 천장은 환자 입장에서 눈을 떴을 때 보이는 부분이다. 이 부분도 치료의 영역이며 의료 공간이다. 중환자실 환자들은 대부분 의식이 없거나 잠깐 의식이 돌아와도 바로 잠이 드는 경우가 많다. 그 잠깐의 순간 보이는 풍경이 반짝이는 북두칠성의 별자리라면 어떨까? 알퐁스 도데의 소설 「별」을 떠올리며 병실 천장에 별자리를 펼친 적이 있다. 바로 제주한국병원의 중환자실이다.

오래된 건축물의 공통점은 층고가 낮다는 것이다. 제주한국병원도 낮은 층고로 인한 답답한 공간감을 해결해야 했다. 천장 공사로 최대한 층고를 확보하고 곡선 형태의 등박스를 활용해 최대한 공간감을 살려냈다. 하지만 중환자실은 상황이 달랐다. 다른 장소보다 공간 변화에 제약이 많고 특별한 시설이 복잡하게 설치된 탓에 층고를 높일 수 없었다. 그래서 찾은 대안이 천장의 별자리였다. 천장의 별자리 조명은 의료 공간에 필수적인 디자인 요소는 아니다. 그렇다고 중요하지 않다고 말할 수도 없다. 공간 경험은 치유에 직접 영향을 미친다. 마음과 기분을 배려하는 디테일한 디자인은 더 좋은 치유 환경을 만든다.

5.
걷고 싶은 길과 2평짜리 기도실을 만들다

추억을 배려하는 마음에서 아름다운 길을 내다

'길을 내자. 이왕이면 걷고 싶은 길을…….'

가톨릭대학교 대전성모병원 건강검진센터 리모델링 회의 차 처음 방문했던 날, 눈앞에 펼쳐진 경관은 다소 당황스러웠다. 병원 정문에 도착하자마자 파란색 바탕에 흰색 큰 글씨로 적힌 거대한 장례식장 안내판이 시선을 온통 붙잡았다. 시각적으로 어찌나 강렬한지 장례식장이 병원의 전체 이미지에 미치는 영향이 적지 않았다.

정문을 지나 완만한 오르막길을 조금 오르니 강렬한 안내판 옆으로 허술한 야외 벤치에 앉아 상복 입은 유족들의 멍한 눈과 마주쳤다. 장례식장 앞 풍경이야 어느 병원이든 비슷하지만 병원에 도착해 처음 마주하는 공간의 풍경으로서는 아쉬움이 컸다. 또 소중한 사람을 멀리 떠나보낸 유족에 대한 배려도 느낄 수 없었다. 이 장례식장이 바로 건강검진센터로 리모델링할 건물이었다. 당시 병

대전 가톨릭대학교 성모병원 건강검진센터 앞길의 리모델링 전(좌)과 후(우)

원은 장례식장을 더 큰 공간으로 이전하고 본관 로비의 건강검진 센터를 장례식장 자리로 옮기기로 했다.

그런데 이 공사에서 내가 특별히 마음을 쓴 곳이 있다. 병원 정문에서 건강검진센터 앞으로 이어진 길이다. 도로에서 메인 병동까지는 차량이 다니는 아스팔트 도로다. 이 오르막 도로의 중간에 철골이 앙상하게 드러난 렉산 지붕의 낡은 건물이 새로 오픈할 건강검진센터였다. 병원을 찾는 이들은 자동차로 진입하든, 걸어서 오든 모두 전면에 건강검진센터를 보며 길을 올라 메인 병동으로 향하게 된다. 건물 외관은 새로운 디자인으로 예쁘게 바꾸면 된다. 문제는 사람을 전혀 배려하지 않는 '길'이었다. 인도는 차량이 다니는 도로 옆에 옹색할 정도로 폭이 좁게 난 길이었다. 철저히 자동차를 위한 길이었고, 걷기도 불편한데 마음까지 편하지 않은 공간이었다.

방문객들이 걷고 싶은 길을 내려면 먼저 '걸을 수 있는 길'을 만들어야 했다. 그래서 기존의 차량이 드나드는 도로의 폭을 약 1미터로 줄여 인도를 확장하고 건강검진센터 앞으로 이어지는 터에 아치를 세워 작은 중정과 같은 공간을 만들었다. 이곳에 자연석 바닥 타일을 붙이고 길옆으로는 화단을 조성해 예쁜 꽃을 심었다. 그로 인해 큰 도로에서 병원 정문을 지나 오르는 길의 풍경이 크게 달라졌다. 병원을 찾는 사람들은 전면에 깔끔한 외관의 건물을 바라보며 예쁜 길을 따라 걷게 된다. 꼭 건강검진이 아니라도 센터 앞 아치에 이르면 한 번씩 눈길을 주고, 간혹 작은 마당으로 들어와 둘러보는 사람들도 생겼다.

길은 단지 이동을 위한 공간만은 아니다. 우리가 잘 인식하지 못하지만 길은 인간이 생애에서 가장 오래 머무는 공간이다. 어디든 목적지에 도달하려면 반드시 길을 거쳐야 한다. 때로 단지 길이 좋아서 찾기도 한다. 누구나 추억 속에 기억하는 길 하나씩은 가지고 있다. 병원을 찾는 이들이 반드시 걷게 되는 이 길도 누군가에게는 기억의 한 장면이 되고 병원의 공간 경험으로 축적된다. 병원에 도착해 처음 만나게 되는 길이 적어도 불안과 긴장이나 두려움을 증폭하는 배경이 되지 않기를 바랐다. 길을 걷는 짧은 시간 동안만이라도 따뜻하게 환영받는 기분을 느낀다면 참 좋은 일이 아닌가.

서울대학교 암병원의 장루·요루 환자를 위한 화장실

타인에 공감하는 기도 공간을 만들다

그동안 공간 설계에서 배려는 특정 계층이 주인공이 되는 눈에 띄는 배려였다. 장애인을 위한 시설이 대표적이다. 하지만 최근엔 특별한 누구를 위한 디자인이 아니라 '모두를 위한 디자인'이 주목받고 있다. 세종충남대학교병원을 지으면서 병원의 복도에 미끌미끌한 대리석을 쓰지 않고 거친 면으로 마무리된 중보행급의 대리석을 사용했다. 비싼 대리석의 반짝거리는 고급스러움을 포기한 이유는 고령층과 유아, 장애인 등 보행 약자가 넘어지는 사고를 막기 위해서였다.

도심에서 낮은 높이의 계단과 경사로가 함께 설치된 곳도 자주 발견하게 된다. 휠체어뿐만 아니라 고령층, 유아, 임산부와 건강한 성인들이 함께 이용할 수 있도록 배려한 디자인이다. 그런가 하면 서울대학교암병원에는 장루·요루 환자를 위한 화장실이 등장했다. 대장암, 비뇨암 수술 환자들은 장과 요관을 복부로 유도해 체외 주

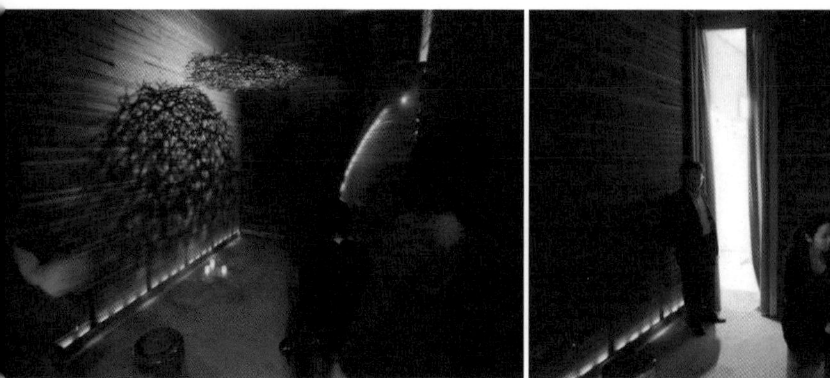

강북삼성병원의 희망방. '공간에 공감하다 프로젝트'를 통해 마련한 희망방에서 사람들이 기도를 하고 있다.

머니를 통해 대소변을 배출한다. 장루 · 요루 환자를 위한 화장실은 일반 화장실 한 칸에 조금 다른 변기를 설치한 것뿐이다. 그동안 불편함을 당연한 것으로 생각하며 일반 화장실에서 대소변 처리를 해온 환자들에게 병원이 마련한 한 칸의 배려는 단순한 편의시설 이상으로 사람에 대한 '존중'이다.

배려란 소외되기 쉬운 소수의 니즈에도 주의를 기울이는 마음자세다. 수년 전 다수를 위한 것이 아닐 때 비효율과 경제적 논리에 밀려 시도되지 못한 배려의 마음을 존중과 공감의 키워드로 풀어보는 프로젝트를 기획했다. 병원에 작은 기도실을 만드는 "공간에 공감하다" 프로젝트였다.

기도실이라고 하면 대부분 특정 종교를 떠올린다. 그러나 프로젝트의 기도실은 종교적 장소가 아니다. 건강을 잃고 생활을 걱정하고 죽음의 공포를 견뎌야 하는 절박한 사람들에게 공감하고 이들이 마음의 위안을 찾을 수 있기를 바라는 배려의 공간이었다.

고객에게 의뢰받지 않은 개인적인 프로젝트였지만 다행히 강북삼성병원에서 건물 구석의 2평짜리 창고를 내주었다. 생업으로 바쁜 와중에 진행한 공사였으나 여느 고가의 리모델링에 뒤지지 않을 정도로 공을 쏟았다. 현장 인터뷰와 워크숍 등을 거치면서 '희망방'이라는 이름도 생겼다. 공간 벽면은 흔히 쓰지 않는 골판지를 일일이 잘라 붙여 차곡차곡 쌓인 지층을 표현했다. 오랜 세월 치열하게 생존해온 생명의 강인함과 시간을 표현한 것이다. 골판지 사이로 투과된 빛은 종이 특유의 질감과 어우러져 차분하면서도 부드러운 분위기가 만들어졌다. 희망방을 찾은 사람들은 모두 약속이라도 한 듯 조용히 앉아 두 손을 모았다. 10여 분 혹은 한두 시간, 저마다 머문 시간은 달랐다. 하지만 표정만큼은 모두 편안하고 밝았다.

희망방과 같은 공간은 병원의 필수 시설은 아니다. 더군다나 늘 공간 부족에 시달리는 병원으로서는 우선순위에 두기 어려운 과제다. 복잡한 병원에서 자신의 마음에 집중하고 희망을 기도하는 공간은 환자와 보호자에게 위로와 치유를 경험하게 해준다.

"그 어떤 것이라도 내적인 도움과 위안을 찾을 수 있다면 그것을 잡아라."

마하트마 간디의 말이다. 회복과 치유의 공간에 잘 어울리는 명언이다. 희망은 환자와 보호자에게 가장 절실한 감정이다. 그 감정에 공감하는 것이 배려의 시작이다. 사용자의 마음에 공감하는 배려를 통해 모두를 위한 치유 공간이 완성된다.

• 7부 •

[이니셔티브 디자인]

문제를 설정하는 힘이 디자인 역량이다

1.

공간 디자이너는 공간의 본질에 주목한다

공간 디자인에서는 무형의 가치가 중요하다

요즘 내 일상에서 가장 큰 변화를 꼽으라면 차를 두고 거의 모든 일정을 걸어서 소화한다는 것이다. 비가 내리는 날에도 예외는 없다. 우산을 들고 발목 장화를 꺼내 신으면 만사형통이다. 차 없는 생활을 시작한 후 특별한 즐거움이 생겼다. 길을 걷다가 인테리어가 예쁜 상점을 보면 무조건 들어가 구석구석 살펴보고 괜찮은 물건도 한두 개 구입한다. 도로 이면에 숨어 있는 개성적인 공간과 예쁜 길을 발견하면 잠시 멈춰서 꼼꼼하게 보고 사진을 찍는다. 평생 살아온 한국인데 마치 처음 방문한 이방인처럼 그동안 몰랐던 새로운 서울을 여행하는 기쁨이 크다.

얼마 전 비가 세차게 쏟아지던 여름날에도 어김없이 장화를 신고 빗길을 걸었다. 그날은 늘 다니던 길이 아니라 낯선 골목으로 길을 잡았다. 예전에 스치듯 봐두었던 예쁜 카페가 목적지였다. 따뜻한 커피 한 잔을 주문한 뒤 평소 습관대로 카페 안을 구석구석을 살폈다. 그러던 중 독특한 인테리어와 찰떡같이 어울리는 특이한 소품들이 눈에 들어왔다. 궁금한 건 뭐든 참지 않는 나는 뛰어난 친화력을 발휘해 오랜 지인에게 하는 양 질문을 했다.

"어머, 이런 소품들은 어디서 구하신 건가요? 너무 예쁘네요."

어느 나라에 여행을 갔다가 특별한 사연으로 샀다거나 의외의 취미가 있어서 어렵게 수집을 했다는 등 카페 주인만의 재미난 사연을 한껏 기대했다. 하지만 돌아온 대답은 예상을 크게 빗나갔다.

"인테리어 업자가 사다 놓은 거예요. 을지로에 가면 별별 것들이 다 있다고 하더라고요."

공간이란 본디 주인의 혼을 품고 있게 마련이다. 그 카페는 주인과 손님의 자연스러운 대화를 유도하는 공간 연출이 뛰어났기에 구석 자리 작은 소품 하나에도 손때 묻은 스토리가 있으리라 생각했는데 내 욕심이 과했던 모양이다. 무엇보다 디자이너가 전체적인 분위기와 개성을 살리기 위해 이런 소품도 세심하게 골라준 것일 텐데 '업자'가 한 일이니 별거 아니라는 투의 대답에 그만 표정이 굳고 말았다.

'업자'라는 말이 유독 서운했던 까닭은 그 안에 담긴 부정적 뉘앙스 때문이다. 업자는 전문가라는 개념보다 '돈 주고 일을 시키는 사람'을 지칭하는 경우가 많다. 나는 수십 년 전 공간 디자인을 시작한 이래 지금까지도 현장에서 '업자와 일하려는' 고객과 디자이너로서 함께 협력하고 일하기 위해 많은 부딪힘을 겪어내고 있다.

불과 몇 해 전에 경험한 일이다. 지인에게 가정의학과 의원 리모델링 프로젝트를 소개받았다. 전해 들은 이야기로는 공사 규모 대비 예산이 무척 빠듯했다. 평소라면 거절했을 테지만 소개한 지인을 생각해 최대한 조율해보기로 했다. 하지만 미팅 일정을 잡는 과정에서 참으로 황당한 상황이 벌어졌다. 늦은 밤 일방적으로 다음 날 오전 일정을 문자로 통보받았다. 이른 아침에 문자를 확인하고 일정을 조정하자고 하자 "오전 일정이 안 되면 다른 업자를 찾겠다."라며 거절의 문자를 보내왔다. 나중에 알고 보니 여러 곳에서 견적을 받고 업체도 정했는데, 혹시 예산을 더 줄일 수 있을까 해서 지인을 통해 내게 연락을 했던 것이다. 어디 이뿐인가. 하루가 멀다고 지방을 오가며 공을 들인 끝에 계약하기로 약속을 했는데 갑자기 더 저렴한 업자가 나타났다며 일방적으로 연락을 끊기도 한다. 또 최대한 양보해 예산을 낮췄음에도 공사 도중 이런저런 트집을 잡으며 공사비를 깎는 경우도 적지 않다. 이런 흔한(?) 일들의 핵심에 바로 업자, 즉 돈을 주는 갑과 시키는 대로 하는 을이라는 비틀어진 인식이 자리 잡고 있다.

"최소한의 비용으로 최대한 멋지게 만들어주세요."

공간 디자인을 의뢰하는 고객들이 항상 입버릇처럼 하는 말이다. 물론 물건을 구입할 때도 인터넷 최저가를 검색하며 가성비를 따지는데 큰돈이 들어가는 리모델링에 혹여 허투루 낭비가 생길까 걱정하는 것은 당연하다. 요즘은 앱을 통해 견적을 쉽게 의뢰할 수 있다. 이러한 앱들은 고객과 여러 업체들을 연결해주는 방식이라

결과적으로 업체들 간에 최저금액 제시를 위한 경쟁구도가 형성되고 돈은 서비스를 제공하는 회사만 버는 시스템이다. 하지만 공짜 점심은 없는 법이다. 당장 공사비를 깎으면 이득인 것 같지만 줄어든 비용만큼 공간의 완성도에 영향을 미치게 된다. 따라서 견적 금액 차이보다는 신뢰나 평판이 여전히 작용되고 있는 것이 이 업계라고 생각한다.

그만큼 공간 디자인은 보이지 않는 무형의 가치가 중요하다. 우리 회사만 해도 코크리에이션 워크숍, 맥락적 인터뷰, 사파리, 섀도잉 등 다양한 디자인 도구를 활용해 사용자 니즈를 파악하고 공간 솔루션을 찾아낸다. 공간의 특성과 목적에 적합한 구성과 동선 배치, 마감재 선별 등 모든 결정 과정은 신경건축학 등 과학 이론을 토대로 한 근거 기반 디자인을 적용한다. 이런 복잡한 과정을 거쳐야만 사용자의 몸과 마음이 모두 편안한 공간이 비로소 탄생한다. 하지만 이러한 과정은 시각적으로 잘 드러나지 않고 세심하게 살피지 않으면 알아차리기 쉽지 않다. 눈에 잘 보이지 않으니 값을 매기기 어렵다.

최근 서비스 디자인과 신경건축학 등 근거 기반 디자인에 대한 인식이 어느 정도 형성되면서 디자인과 공사를 분리하는 프로젝트를 진행하기도 한다. 하지만 대부분 현장은 여전히 디자인과 공사를 하나로 묶어 '평당 얼마'로 계산하는 관행이 지배적이다. 공간의 가치를 평당 얼마로 매기는 순간 디자인의 가치도 헐값이 될 수밖에 없다.

신경건축학에 기반해 리모델링한 전주 본수호한의원. 처음 의뢰를 받았을 때부터 신경건축학에 기반한 한의원을 염두에 두고 공간 배치부터 마감까지 의뢰인과 함께 고민하며 디자인했다.

공간 디자이너를 업자로 여기거나 혹은 디자이너 스스로 업자로서 정체성을 갖게 되면 공간의 본질에 대한 고민보다 '이익'이 더 중요해진다. 고객은 낮은 공사 비용을 우선하고, 업자는 이윤의 극대화에 집중한다. 이 과정에서 사용자 이익은 자연스럽게 후 순위로 밀리게 된다.

공간 디자이너는 대중의 니즈를 실용적으로 해결해야 한다

현장에서는 디자이너와 업자를 오인하는 일만 일어나는 건 아니다. 대중적으로 디자이너는 아티스트에 가깝게 인식된다. 미적 감각, 독특한 발상, 창조적 표현 등의 특성이 겹치기 때문이다. 그러다 보니 대학 강의에서 학생들은 종종 '디자이너와 아티스트'의 차이를 묻는다. 간혹 현장에서도 디자이너와 아티스트를 헷갈리는 고객으로 인해 당황스러울 때도 있다.

아티스트는 창작자 내면의 생각과 감각을 그림, 음악, 조형물, 미디어 등을 통해 표현한다. 작품에 대중이 공감할 때 아티스트는 힘을 갖는다. 반면 디자이너는 용도와 사용자에 집중한다. 자기 내면의 생각과 감정이 아니라 대중의 생각과 요구에 집중한다. 서비스와 제품, 공간에 대한 사용자의 만족도가 디자인의 가치를 결정한다.

둘의 차이는 일의 과정에서 선명하게 드러난다. 아티스트는 작업 과정에서 거의 온전한 결정권을 가진다. 하지만 디자이너는 여럿이 함께 팀을 이뤄 고객을 위한 일을 한다. 영국의 디자이너 노먼 포터 Norman Potter는 저서 『디자이너란 무엇인가』에서 디자이너는 '제약을 잘 해결하고, 모든 기회를 최선으로 활용할 줄 알아야 한다. 사람을 좋아하고 이해하며 타인에 대해 폭넓은 책임을 질 줄 알아야 한다.'라고 말했다.

디자이너의 일은 세상 모든 것들의 관계를 고민하는 데서 출발한다. 사회와 사람, 공간과 사람, 사람과 사람, 사람과 사물, 사물과 사물의 상호관계에서 문제 해결을 위해 소통하고 통찰을 얻는다. 특히 공간 디자인은 매우 다양한 이해관계자가 참여하는 과정을 거친다. 공간 디자이너는 반복되는 회의 지옥 속에서 균형 있게 의견을 조정하고 배치하는 지휘자이며 사람 중심의 공간 혁신을 이끌어가는 스페이스 이노베이터Space Innovator다.

2.
다름을 조율하고 협력으로 창조한다

다양한 사람들의 의견 충돌을 조정하고 조율한다

만약 당신이 암병원, 정신병원 또는 치매요양병원 등을 디자인한다고 생각해보자. 어떤 점들을 고려해 디자인에 반영하겠는가? 병실, 검사실, 휴게실 등의 개수, 위치, 넓이, 그리고 환자와 보호자, 의사, 간호사 등 사용자들의 동선, 전기와 수도 설비, 냉난방 시설, 벽의 색깔, 조명의 종류, 문과 창문의 모양, 바닥과 천장의 마감재 등 꽤 많은 요소가 떠오를 것이다. 그런데 실제 병원 디자인에서 고려해야 할 것들은 지면에 일일이 적을 수도 없을 만큼 많고 복잡하다.

디자인은 고객의 의뢰로 시작되고 최종 결정도 고객이 내린다. 고객의 의사가 가장 중요하다. 하지만 정작 디자인 작업은 고객의 요구만을 반영해 진행할 수 없다. 오랜 현장 경험에도 불구하고 공간 사용자들의 니즈는 워낙 다양해서 언제나 디자이너의 머리로 생각할 수 있는 한계를 훌쩍 넘어버린다. 환자, 보호자, 그리고 수십여 개 직군에 속한 사용자들의 요구는 단순한 취향의 문제가 아니라 디자인 과제이므로 어느 것 하나 흘려들을 수 없다.

하지만 현실적으로 모든 사용자와 접촉하기는 매우 어렵다. 디자인 리서치 범위를 넓히고 세밀하게 진행할수록 오랜 기간과 많은 비용이 소요된다. 게다가 이 모든 복잡한 과정을 주도하고 조정하는 건 정말 힘든 과정이다. 그 때문에 현장의 디자이너들조차 기존대로 소수 전문가 그룹의 논의와 최종 의사결정자 중심의 결정 구조를 선호한다.

커뮤니케이터가 돼 모두의 협력을 이끌어낸다

공간에 얽힌 이해관계가 복잡할수록 협력은 더 어렵다. 이들은 각자 기대한 바를 얻기 위해 아이디어와 정보를 제공하고 좋은 결정에 도움이 되기도 하지만, 또 각자 기대가 다르므로 서로 충돌하거나 프로젝트에 방해가 되기도 한다. 여기서 디자이너는 각자의 방식으로 하나의 공간을 이용하는 사람들의 커뮤니케이션을 적극적으로 관리하게 된다. 이는 곧 이해충돌의 현장에서 최전방에 서는 것을 의미한다. 공간 디자이너는 복잡한 이해관계의 중심에서 처음부터 끝까지 디자인을 수행할 수 있도록 프로세스를 조정한다.

이해관계자들과 충분히 맥락을 공유하고 주관적인 흐름으로 일이 진행되지 않도록 균형을 잡아야 한다. 방향을 잃은 논쟁은 다시 방향을 잡으면서 경청과 조정과 숱한 설득의 시간을 인내해야 한다. 이렇게 리모델링을 의뢰한 고객, 공간 사용자, 전문가들의 피드백을 받아 디자인을 하다 보면 어느 순간 그 디자인이 과연 디자이너의 것인가 스스로 의문을 품기도 한다. 하지만 디자이너의 가장 중요한 역할은 컴퓨터로 도면을 그리는 것이 아니라 디자인 전 과정을 주도함으로써 더 나은 결과물을 만들어내는 것이다.

일방적인 프로세스를 통해 결정된 디자인은 반드시 어느 한쪽의 사용자가 큰 불편을 감수하는 결과를 낳는다. 누군가의 불편과 불이익은 일부의 경험에 국한되지 않고 결국 모두의 공간 경험에 부정적 영향을 미치게 된다. 병원 상담 직원의 부정적 경험이 궁극적으로 환자 경험에 부정적 영향을 미치게 되는 것이다. 리모델링이 끝난 지 얼마 되지 않아서 재공사를 하는 사례 대부분은 협업 과정을 무시한 프로세스에 그 원인이 있다.

모든 프로젝트에서 시행착오를 완벽하게 통제할 수는 없다. 하지만 협업은 심각한 시행착오를 줄이는 매우 좋은 방법이다. 물론 협업이 곧 모범답안은 아니다. 하지만 서로 다른 견해와 지식으로 협력하는 작업을 통해 디자인 고유의 영역에서는 이뤄내기 어려운 창조적 가치와 시너지 효과를 얻을 수 있는 건 분명한 사실이다. 디자인은 본질적으로 세상의 다양한 지식과 사람들을 통합적으로 연결해 문제를 해결함으로써 이전보다 더 나은 세상을 추구한다. 사람은 공간과 유기적 관계에 있으며 좋은 공간이 많을수록 사람들의 삶도 풍요로워진다. 공간 디자이너는 공간을 통해 이를 실현하고 궁극적으로 더 나은 삶의 방식에 기여할 수 있어야 한다.

3.
공간 디자인은 인문학과 긴밀하게 연관된다

사람의 마음을 움직이는 데서 출발한다

"(애플이) 창의적인 제품을 만드는 비결은 우리가 항상 기술과 인문학의 교차점에 있고자 했기 때문입니다."

2011년 아이패드 2 제품 발표회에서 스티브 잡스는 혁신의 비결을 묻는 질문에 '인문학'이라고 답했다. IT뿐인가. 디자인, 건축, 산업, 과학, 경영 등 세상 거의 모든 분야에서 인문학을 외친다. 이유는 인문학이 사람을 이해하는 것을 목적으로 하는 학문이기 때문이다.

모든 혁신은 사람의 마음을 움직이는 데서 출발한다. 실제로 좋은 디자인, 좋은 공간과 건축, 좋은 기술, 좋은 경영은 모두 사람의 마음을 움직인다는 공통점이 있다. 디자이너에게 인문학은 왜 필요할까? 사람을 '깊게 이해하는' 안목을 갖기 위해서다. 이해란 아는 것을 넘어 공감하는 것을 의미한다. 공감력이야말로 디자이너의 진짜 실력이다.

흔히 공감의 단어는 감성의 이미지로 소비되는데 실제로 공감은 통찰의 영역에 있다. 세계적인 석학 제러미 리프킨Jeremy Rifkin은 '인간이 세계를 지배하는 종이 된 것은 뛰어난 공감력을 가졌기 때문'이라면서 인간을 공감하는 존재인 '호모 엠파티쿠스Homo Empathicus'라고 명명했다. 인간은 끊임없이 다른 사람들과의 관계와 교섭을 넓히려는 성향이 있다. 이는 '공감 본성' 덕분이라는 것이다. 한편 뇌 과학자들은 인간의 공감력을 신경세포 '거울 뉴런mirror neuron'으로 설명한다. 거울 뉴런의 작동으로 타인의 행동을 보면 무의식적으로 따라 하게 되고 이때 감정을 투영하게 된다. 우는 사람을 보면 울상을 짓게 되고 마음도 슬프다. 웃는 사람을 보면 저절로 따라 웃게 되고 마음도 기쁘다. 공감이 일어나는 것이다.

그런데 공감력은 타고난다고 할지라도 진실로 타인에게 공감하는 일은 사실 매우 어렵다. 유명한 인디언 속담 중에 "다른 사람의 모카신을 신고 1마일을 걸어보지 않고서는 그를 판단하지 말라."라는 말이 있다. 상대와 같은 경험을 해야만 그를 이해할 수 있다는 얘기다. 하지만 같은 경험을 한다고 해도 이해의 깊이는 저마다 다르다. 가령 타인의 모카신을 신고 똑같은 길을 걸어도 누군가는 신발 주인의 경험을 이해하고 나아가 문제 해결을 위한 아이디어를 생각할 수 있지만, 누군가는 그저 냄새나는 신발에 대한 불평에 그칠 수도 있다.

"나는 너가 어떻게 느끼는지 정확히 알아."

공감 → 디자인
알려주다

디자인은 공감을 전달할 수 있어야 의미가 있다.

인문학은 문제의 본질을 냉정하게 통찰하는 것이다

그래서 내가 아니라 타인의 관점으로 상황을 판단하는 것은 개인의 타고난 본성인 공감이 아니라 과학적 시스템과 특별한 노력이 필요하다. 가령, 서비스 디자인 프로세스는 사용자가 진짜 하고 싶은 말과 생각을 듣고 대화함으로써 공감의 깊이와 폭을 확장하려는 목적으로 설계된 것이다. 디자이너의 공감력은 감정이 아니다. 정확한 지식에 근거해 냉철한 이성으로 타인의 감정과 경험을 이해하는 능력이며 이는 부단히 배우고 훈련함으로써 얻을 수 있다. 그중 가장 중요하고 효과적인 훈련이 바로 인문학과 가까워지는 것이다.

인문학은 사람을 이해하는 학문으로서 디자인과 가장 밀접하게 연관되어 있다. 디자인은 완전한 창조라기보다 현재 상황에 대한 새로운 관점과 해석을 통해 더 나은 가치를 전달하는 것이다. 따라서 디자인의 가치는 보기에 좋고 나쁨이 아니라 문제 해결이라는 기본에 충실한가 여부로 결정된다. 그 시작은 문제의 본질을 통찰함으로써 해결점을 찾아나가는 데 있다.

인문학은 인간과 사물과 세상의 관계를 좀 더 깊이 있고 복합적이며 입체적으로 다루는 사유의 방식을 제공한다. 이는 디자이너에게 인문학적 사고가 필요한 이유다. 디자이너는 동료, 고객, 사용자 등 다양한 사람들의 관점으로 세상을 볼 수 있어야 한다. 이는 인간의 욕구를 이해하고 공감해야 가능하다. 지식과 기술이 전부인 디자이너는 자신의 만족을 위해 공간을 설계한다. 하지만 사람에 공감하는 디자이너는 공간으로 삶을 변화시키는 혁신을 디자인한다. 경험 방식의 근본적인 변화를 이뤄내는 디자인은 과학적 사실을 기반으로 인문학적 통찰이 더해질 때 비로소 가능하다.

4.
지식 협력의 네트워크로 디자인적 사고를 하라

에디슨에게서 디자인적 사고를 배우다

천재라 불리는 과학자 토마스 에디슨의 이미지는 고독한 괴짜다. 그런데 실제로 에디슨은 대단히 활동적인 '네트워커'였다고 한다. 1876년 그는 멘로파크연구소를 설립하고 다양한 인재들을 채용했다. 그는 문제 중심의 사고방식을 테스트해 직원을 뽑았고, 직원들로부터 공격적인 질문을 받을 때 가장 즐거워했다고 한다. 에디슨은 연구소 밖의 기술자, 고객, 언론인, 학자, 금융가, 정치인, 예술가 등과도 적극적으로 교류했다. 그는 이종 분야의 사람들과 만남을 통해 새로운 정보를 습득했고 세상을 읽었다.

에디슨은 전구를 발명했지만 사람들이 전구의 가치를 알지 못하면 아무 쓸모가 없다는 사실을 잘 알았다. 따라서 전구를 쉽게 사용할 수 있도록 전기발전과 송전 시스템을 개발했다. 에디슨은 전구를 발명한 것뿐만 아니라 라이프스타일을 근본적으로 바꾸는 혁신을 창조함으로써 성공했다. 이것이 바로 디자인적 사고다.

디자이너는 일의 특성상 다양한 분야의 전문가들과 반드시 지식 협력을 해야 한다. 하지만 익숙한 현장 밖으로 나와서 낯선 배움을 얻으려면 많은 시간과 품을 들여야 한다. 집과 학교를 디자인하던 내가 병원 리모델링 프로젝트를 진행하면서 겪었던 일들이 그 전에 일하던 방식과 달랐기 때문이었다. 내가 직접 경험한 것을 많은 사람들에게 알려주고 싶은 마음에 책을 펴내고 블로그에 연재한 것이 나를 세상 밖으로 나오도록 연결한 시작점이었고 지금의 모습으로 성장해온 길이었다고 생각한다. 돌이켜보면 이 모든 것은 필연이었다.

KHC와 HSS로 다양한 분야의 지식 협력을 실천하다

"제가 인터넷 검색을 하다가 우연히 대표님이 쓰신 글을 읽었는데 정말 공감이 되더라고요. 혹시 실례가 안 된다면 강연을 부탁드려도 될까요?"

당시 명지병원 IT융합연구소의 정지훈 소장이었다. 지금은 경희사이버대학 미디어커뮤니케이션학과 교수로 재직 중인 그와의 연결로 '2011 국제 헬스케어 콩그레스2011 Korea Healthcare Congress'(이하 KHC)라는 큰 행사에 난생처음 연사로 참여하게 되었다. KHC는 대한병원협회가 2010년부터 매년 개최하고 있는 아시아 최대 규모의 헬스케어 분야 국제 학술대회다. 이곳에서는 세계 각국의 앞선 의료 시스템과 진화하는 병원 산업의 최신 트렌드를 공유

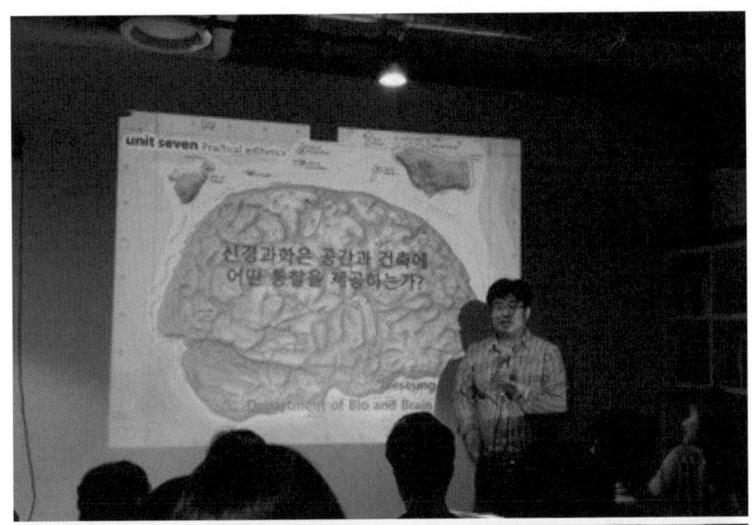

34회 HSS 모임에는 정재승 교수가 강연자로 나섰다.

한다. 2011년 대회는 '새로운 디자인 개념으로 병원을 개혁하라.'를 주제로 세계 13개국 78명의 헬스케어 분야 석학들과 국내외

3,000여 명의 헬스케어 전문가들이 참여했다. 많은 전문가 앞에서 '병원 디자인의 진화, 더 고객 중심적으로'라는 제목 아래 '환자 중심 치유 공간으로 거듭난 병원 리모델링 사례'를 발표했다. 내 집과 같은 병원을 만들자는 내 이야기에 공감하는 분들이 있었고 운좋게도 3년 연속으로 KHC 강단에 올라 환자 중심의 병원 리모델링에 관한 이야기를 공유할 수 있었다.

당시 강연을 하기 위해 제대로 정리하지 못했던 프로젝트들을 청중이 듣고자 하는 주제에 맞춰 정리하는 기회가 되었다. 비슷한 일선에서 일하는 다양한 분야의 전문가들과 만나 현장의 경험과는 또 다른 배움을 얻을 수 있었다. 흙먼지로 가득한 사바나에서 고군분투 중에 시원하게 쏟아지는 비를 만난 듯 가슴이 후련했고 머리가 맑아졌다.

그러면서 예전부터 배움에 대한 목마름을 일단 시작해보자며 지식 협력 네트워크 'HSSHuman Space Society'를 만들었다. 시작은 아주 우연한 기회였다.

처음에는 정지훈 교수의 지인분들과 우리 직원들 그리고 가까운 지인들을 중심으로 두 달에 한 번 꼴로 연구 모임을 시작했다. 무거운 피로감에 파김치가 된 날에도 모임에 참석해 주제 발표를 하면 언제 그랬냐는 듯 신이 났다. 그리고 알음알음으로 지인들이 합류하며 연구 모임이 지속적으로 발전되었고, SNS 활동을 통해 늘어난 페친들도 다양한 강연들과 저자 특강 모임에 초대하면서 모임이 확대되었다.

매번 강연자를 섭외하고 토론의 자리를 만드는 것은 오롯이 내 몫이었다. 그러면서 작은 디자인 회사가 주최하는 강연에 선뜻 나서줄 강연자가 있을지, 참석자가 과연 얼마나 될지 걱정도 많았다. 하지만 모두 기우였다. 처음엔 건축과 공간 디자이너 중심의 모임이었으나 시간이 흐르면서 전혀 다른 분야에서 일하는 분들이 물어물어 강연을 듣고자 찾아왔다. 배움에 대한 열기만큼 강연자들의 호응도 뜨거웠다. 국내에서 손꼽히는 빅데이터 전문가 송길영 다음소프트 부사장을 비롯해서 정재승 카이스트 바이오 및 뇌공학과 교수, 유현준 홍익대학교 건축학과 교수, 김민식 연세대학교 심리학과 교수, 이은경 시계 컨설턴트, 유영만 한양대학교 교육공학과 교수, 고영혁 고넥터 대표 등 각 분야 최고의 전문가들이 재능기부 수준의 강연료에도 불구하고 흔쾌히 HSS 무대에 오르셨다. 예정된 강연 시간은 1시간 30분이지만 3~4시간을 훌쩍 넘기며 참석자들과 토론하는 일이 빈번했다.

HSS의 이름이 알려지자 주위에서는 무료 강연이 아니라 유료 강연으로 전환해 저명한 강사진을 모시고 모임을 키우라는 제안을 해왔다. 디자인 사무실의 책상과 의자를 옮겨 공간을 마련하고 퇴근 직후 강연을 찾는 사람들을 위해 간단한 음식을 장만하고 월 1회 강사 섭외와 참석자 정리 등을 모두 혼자 하려니 금전적, 시간적 부담이 큰 것도 사실이다. 그러나 그 제안은 1초의 고민도 없이 거절했다. HSS는 디자인 업계를 넘어 다양한 분야의 사람들과 폭넓게 교류하고 배움을 얻는 것이 목적인 모임이다. 매번 다른 일과 다른 생각을 하는 사람들과 강연을 듣고 가끔은 함께 라면을 끓여 먹으며 사람과 공간과 세상의 이야기를 나누다 보면 인간을 이해하고 세상을 보는 눈이 밝아진다. 유료 강연으로 전환하면 시간과 금전적 부담을 줄일 수는 있겠지만 자칫 주객이 전도되어 비즈니스로 변질될 우려도 있다.

HSS는 팬데믹 전까지 다양한 분야의 사람들이 공간을 말하고, 생각을 공유하고, 또 공감하는 오프라인 모임이었다. 하지만 팬데믹을 거치면서 사무실 여건상 당분간은 멈춘 상태다. 사회생물학자인 최재천 이화여자대학교 석좌교수는 인간의 공감력은 '길러지는 게 아니라 무뎌지는 것'임을 여러 차례 강조했다. 디자이너로서 경험이 축적될수록 오히려 무뎌짐을 경계해야 한다. 그래서 앞으로도 더 많은 사람들로부터 배우고 아이디어를 떠올리고 새롭게 연결함으로써 성장하는 훈련을 멈추지 않을 생각이다.

5.
이니셔티브 디자인은 문제 설정에서 좌우된다

복합문화공간으로서의 병원을 디자인하다

코로나19는 매우 급격하게 공간의 변화를 요구했다. 사람들이 모이는 모든 공간들은 새로운 니즈에 대응해야만 했다. 특히 코로나19 전담병원 등 의료시설의 경우 '폐쇄'와 '격리'를 우선해야 하는 등의 많은 변화를 겪었다. 팬데믹은 끝났지만 팬데믹 이후로 일상이 뒤바뀐 지금 병원들의 고민이 깊다. 과거 팬데믹 이전의 병원으로 단순한 복귀는 답이 아니다. 변화된 미래 환경과 고객 니즈를 바탕으로 무엇을 추구할 것인지를 고민하며 새로운 가치를 찾아야만 한다.

최근 리모델링을 진행하고 있는 종합병원도 이런 변화의 흐름으로 인연을 맺게 되었다. 이 병원은 팬데믹 이전에 리모델링 디자인을 완성했다. 하지만 코로나19 전담병원을 경험한 이후 다시 미래의 방향을 설정하고자 연락을 해왔다. 병원 공간을 바꾸는 일은 바로 지금 또는 가까운 미래 몇 년을 바라보고 진행해선 안 된다. 유행과 스타일을 강조하는 인테리어 개념의 리모델링은 완성되는 순간 과거가 된다. 병원 디자인은 때가 되면 트렌드에 맞게 바꾸는 인테리어 개념으로 접근할 수 없다.

환자 중심 서비스 디자인은 눈에 보이는 배경뿐만 아니라 눈에 보이지 않는 심리적 안정과 편안함을 디자인함으로써 치유 효과를 높이는 회복적 환경을 구축하는 것이다. 현재의 문제를 해결하는 수준을 넘어서 그 공간이 사용될 미래까지 예측해 디자인할 때 비로소 공간의 가치를 창조할 수 있다.

여하튼 우린 병원의 외관이나 실내 인테리어를 고민하는 수준이 아니라 종합병원으로서 사용자 중심 의료 환경을 디자인한다는 과제를 설정했다. 우리 목표는 지역 사회의 랜드마크로 자리매김하는 것이다. 그러기 위해 주변 환경과 상가 현황 등을 조사해서 가장 수요가 높을 것으로 예상되는 각종 편의시설 등을 배치했다. 몸이 아파서 어쩔 수 없이 와야 하는 병원이 아니라 자유롭게 병원 안의 시설을 이용하며 먹고 마시고 즐길 수 있는 문화공간이 되도록 한 것이다. 디자인은 당장의 불편을 개선하고 눈앞의 필요를 채울 수 있어야 한다. 나아가 병원의 비전과 미래 의료 서비스 방향을 제시하는 것도 디자인의 역할이다.

문제 해결은 기본이고 먼 미래까지 내다볼 수 있어야 한다

세계적인 디자인 회사 넨도NENDO의 설립자 사토 오오키는 제품 디자인을 넘어 해당 기업의 브랜드 아이덴티티를 확장하고 업계의 트렌드까지 바꾸는 디자이너로 유명하다. 그의 책 『넨도의 문제해결연구소』는 디자인의 본질과 디자이너가 할 일에 대해 알기 쉽게 설명하고 있다. 디자인이란 다양한 문제를 해결하는 수단인데 그 과제를 해결할 때 디자이너는 문제를 눈에 보이는 대로 정직하게 받아들이지 말라고 강조한다. 뻔히 드러난 현상보다 문제를 만든 '일의 발단'을 찾아야 진짜 해법을 찾아낼 수 있기 때문이다.

"예를 들어 '벽이 더러우니 흰색으로 칠해 달라.'라는 과제가 있을 때 '네'라며 무조건 벽을 흰색으로 칠한다면 '진정한 해결'이라 부를 수 없다. 더러워지게 된 근본적인 원인은 무엇인지, 왜 흰색으로 칠하고 싶은지, 또 '쉽게 더러워지지 않는' 벽을 만드는 것이 좋은지 아니면 '더러움이 눈에 잘 띄지 않는' 정도로도 만족하는지 등 다양한 질문이 필요하다. 그 질문에 대한 답을 알고 나면 '벽을 더 더럽혀 더러움이 눈에 띄지 않게 만든다.'라는 전혀 생각지도 못한 선택지가 추가될 수도 있다."

여기에 바로 디자인과 디자이너의 방향이 담겨 있다. 지금까지 디자인과 디자이너에게 요구된 역량은 문제 해결 능력이다. 현재 발생한 문제, 즉 보이는 문제의 해결과 잠재되어 있어 보지 못하거나 미처 인식하지 못하는 문제를 발견함으로써 해결책을 제시한다. 하지만 앞으로 디자이너는 미래의 필요를 예측해서 가장 적합한 솔루션을 제시하는 컨설팅 역량이 필요하다. 즉 미래 환경에 대응해 발생할 수 있는 문제를 앞서 설정하는 디자인 능력을 말한다. 여기서 필요한 것이 바로 '이니셔티브 디자인'이다. 이니셔티브를 가지고 일한다는 건 남들보다 더 깊고 넓게 고민한다는 것을 의미한다. 문제를 보는 시야가 수평적으로 넓고, 수직적으로 깊어야 한다.

오늘날 세상에는 수많은 문제가 있고 이 다양한 문제들은 공간의 문제로 나타난다. 이는 당연하다. 우리 인간의 삶은 모두 공간에서 이뤄지기 때문이다. 공간 개선 프로젝트 과정에 참여하는 다양한 사람들은 각자의 방식으로 문제를 해결하고자 노력한다. 그러나 이해 충돌과 여러 현실적 제약에 부딪혀 혁신과는 거리가 먼 결과를 얻게 되는 경우가 더 많다. 그래서 나는 디자인의 이니셔티브가 중요하다고 강조한다. 복잡한 이해의 얽힘 속에서 단 한걸음이라도 앞으로 나아간 결과를 만들어내야 한다. 그 책임의 무게는 결국 디자이너의 어깨에 놓여 있다.

에필로그

현장의 땀과 눈물을 글로 옮기다

공간의 변화를 설명할 때는 대개 딱 두 장의 사진을 보여주는 것으로 충분하다.

'작업 전과 후Before and After'

변화가 환골탈태 수준으로 극적일수록 클라이언트의 눈을 사로잡을 수 있다. 그래서 비즈니스를 해야 하는 디자이너에게 '사진발 좋은 공간'은 상당히 유혹적일 수밖에 없다. 하지만 공간은 한 번 쓰고 버리는 소모품이 아니기에 사진발 평가는 수명이 길지 않다.

작업 전과 후의 공간 사진은 디자인의 힘을 직관적으로 보여주는 가장 효과적인 수단이다. 하지만 시작과 끝만 있는 두 장의 사진 사이에는 무수히 많은 시간과 땀과 눈물이 뒤섞인 뜨거운 현장의 순간들이 존재한다. 공간 디자인은 클라이언트, 디자이너, 사용자가 함께하는 작업이다. 공간의 소유자는 클라이언트이고 디자이너는 클라이언트를 대행한다. 그러나 디자이너는 클라이언트의 만족만을 추구할 수 없다. 사용자의 요구를 공간에 담아야 한다.

클라이언트와 사용자의 관점을 이해하고 균형을 맞추는 과정은 거의 전쟁에 가깝다. 특히 병원이라는 특수한 공간은 다양한 사용자가 있고 그만큼 다양한 요구와 욕구가 존재한다. 병원은 질병을 치료하고 회복하는 공간이자 일상의 삶이 진행되는 일터다. 간절한 마음과 매우 현실적인 목적이 공존하는 공간에서 디자이너의 지향을 지키며 디자인을 완성하는 과정이 순조롭다면 오히려 이상한 일이다.

사용자가 만족한 설계를 클라이언트가 거절해 다시 원점으로 돌아가 설계도를 다시 그리는 일은 부지기수다. 환자들로 북적이는 공간에서 진행되는 공사는 늘 예기치 못한 크고 작은 사고가 발생한다. 정해진 도면과 계획대로 착착 진행되는 공사는 손에 꼽을 정도다. 변화무쌍한 현장에서 제대로 된 도면 한 장 없이 공사해야 하는 상황도 있다. 공사 현장에서 화재가 발생하는 사태도 경험했다. 수십 년 경험에도 불구하고 신기할 정도로 매번 새로운 문제들이 등장한다. 어느 한 공간도 쉽고 편안한 분위기에서 작업이 진행된 적이 없다.

그럼에도 나는 다양한 채널의 목소리가 뒤엉키고 먼지와 소음이 가득한 현장으로 돌아갈 때마다 언제나 설렌다. 치유 공간을 창조한다는 긍지와 누군가의 더 나은 삶에 보탬이 되는 일을 한다는 보람에서 충전되는 행복감에 중독된 탓이다. 매번 바다처럼 눈물을 쏟아도 그 행복감 때문에 나는 늘 더 좋은 디자이너가 되고 싶다.

이 다짐에서 출발한 나와의 약속 중 하나가 바로 글쓰기다. 개인의 경험을 토대로 한 기록이지만 치유 공간과 삶을 바꾸는 공간을 고민하는 사람들과 생각을 공유하고 힘을 내보고 싶었다. 새내기 디자이너 시절 현장에서 일어나는 일과 생각을 메모하던 습관은 어느새 책을 쓰고, 잡지를 발행하고, 칼럼을 쓰고, 온라인 콘텐츠를 만드는 일로 확장되었다.

늘 시간에 쫓기는 일상에서도 한 줄씩 써온 글들은 그동안 세 권의 책으로 나와 많은 분들과 생각을 나눴다. 그리고 8년 만에 또다시 책을 준비한다. 디자이너로서 겪은 현장의 이야기에서 한걸음 더 나아가 '헬스케어 디자인'을 실제 현실 공간에 구현하는 과정과 치열한 고민을 온전히 담고자 했다.

책을 쓰는 과정은 과거 어느 때보다 쉽지 않았다. 모니터 앞에 앉을 때마다 과거 세 권의 책보다 좀 더 나은 글을 써야 한다는 부담이 컸다. 바쁜 현실을 핑계로 책 쓰기 폴더를 아예 열지도 않고 시간을 보내기 일쑤였다. 특히 글쓰기를 미룰수록 문장 한 줄도 마음에 들게 쓰기가 쉽지 않고 과거 사례들이 신진 디자이너들의 눈에 철 지난 트렌드로 보이지 않을까 하는 걱정에 모니터를 꺼버리기를 반복했다.

그러나 헬스케어 디자인이라는 용어조차 낯설었던 시절부터 헬스케어 디자인을 고민했고 클라이언트와 사용자들과 머리를 맞대고 그려낸 도면의 선들을 공간으로 구현해왔다. 그러한 경험은 트렌드라는 이름으로 평가되는 가치가 아니라고 믿는다. 현장에서 좌충우돌 부딪히며 흘린 땀이 녹아들어 완성된 치유 공간들은 지금도 다양한 사람들의 삶과 바람과 일상을 담아내고 있다.

원고를 정리하며 힘이 들 때면 버릇처럼 내게 '왜 책을 쓰는가'라는 질문을 던졌다. 그때마다 떠오른 얼굴들이 있다. 바로 내 학생들이다. 인천가톨릭대학교 헬스케어디자인 전공 대학원생들을 가르친 지 벌써 5년이다. 헬스케어 디자인의 역사가 짧지 않은데도 국내에서는 여전히 전공생을 모집하는 일이 쉽지 않을 정도로 낯선 분야다. 헬스케어 디자인이 병원 등 의료기관을 대상으로 한 좁은 범위의 디자인이라는 오해가 여전히 있다. 나는 이 책이 헬스케어 디자인에 대한 이해를 넓히는 데 도움이 되었으면 한다. 헬스케어 디자인이 추구하는 실천적 사례와 이를 뒷받침한 이론들의 내 경험담을 통해 쉽고 생생하게 알려주고 싶다. 더불어 미래의 공간 디자이너들이 성장해 나가는 데 도움이 되고 싶다.

미래에 모두가 행복한 삶을 영위하기 위해 더 많은 사람들이 헬스케어 디자인에 관심을 가졌으면 한다. 또 미래에 어느 공간일지라도 모두가 회복과 치유를 화두로 참여해 다양한 아이디어를 공유하며 함께 디자인하는 것이 자연스러운 과정이 되길 바란다. 마지막으로 이와 같은 변화가 이 한 권의 책을 이야깃거리로 삼아 시작되길 감히 소망한다.

미주

1. https://www.afprofilters.com/air-filter-hospital-alexander-monro-clinic/
2. https://thisisdesignthinking.net/2017/01/rotterdam-eye-hospital/
3. https://en.wikipedia.org/wiki/Akershus_University_Hospital#/media/File:Ahus_Main_entrance_HDR.jpg
4. https://en.m.wikipedia.org/wiki/File:Mayo_Clinic-Gonda_atrium-20060705.jpg
5. https://en.m.wikipedia.org/wiki/Mayo_Clinic
6. 노태린, 신경건축학을 고려한 사용자 중심 디자인 프로세스 연구
7. https://pearsonlloyd.com/project/a-better-ae/
8. https://naturesacred.org/natural-design-for-better-health-an-interview-with-dr-roger-ulrich/
9. https://www.oist.jp/image/fmri-machine
10. https://www.lafent.com/inews/news_view_print.html?news_id=110043
11. https://www.outhousedesign.com.au/portfolio-items/sydney-childrens-hospital-wellness-garden/dsc_5293-2/#iLightbox[postimages]/1
12. https://waveny-main.webflow.io/living-options/the-village
13. https://ko.wikipedia.org/wiki/%ED%8C%A8%EB%86%89%ED%8B%B0%EC%BD%98#/media/%ED%8C%8C%EC%9D%BC:Presidio-modelo2.JPG
14. https://www.terrapinbrightgreen.com/wp-content/uploads/2015/11/Ostra-Psychiatry-Case-Study.pdf
15. https://www.terrapinbrightgreen.com/wp-content/uploads/2015/11/Ostra-Psychiatry-Case-Study.pdf
16. https://www.salk.edu/ko/
17. https://unsplash.com/ko/s/%EC%82%AC%EC%A7%84/Montpellier%2C-Montpellier%2C-France
18. https://www.cbc.ca/news/canada/manitoba/natural-light-space-grace-hospital-1.4674733

공간은 어떻게 삶을 치유하는가
: 사람을 중심으로 하는 헬스케어 디자인

초판 1쇄 인쇄 2024년 6월 18일
초판 1쇄 발행 2024년 6월 25일

지은이 노태린
펴낸이 안현주

기획 류재운 **편집** 안선영 김재열 **브랜드마케팅** 이승민 **영업** 안현영
디자인 표지 정태성 본문 장덕종

펴낸곳 클라우드나인 **출판등록** 2013년 12월 12일(제2013-101호)
주소 우) 03993 서울시 마포구 월드컵북로 4길 82(동교동) 신흥빌딩 3층
전화 02-332-8939 **팩스** 02-6008-8938
이메일 c9book@naver.com

값 20,000원
ISBN 979-11-92966-78-6 03540

---

* 클라우드나인에서는 독자 여러분의 원고를 기다리고 있습니다.
  출간을 원하시는 분은 원고를 bookmuseum@naver.com으로 보내주세요.

* 클라우드나인은 구름 중 가장 높은 구름인 9번 구름을 뜻합니다. 새들이 깃털로 하늘을 나는 것처럼 인간은 깃펜으로 쓴 글자에 의해 천상에 오를 것입니다.